西餐大师

新手也能变大厨

许宏裕　赖晓梅　著

相信很多人都会照着食谱上的指示去采购食材，依食谱的内容调味，跟着食谱去调整火候，全都是依样画葫芦地烹调，但煮出来的食物却大相径庭，让人难以入口。除了有经验不足的原因外，是否也有烹调过程指导不到位的问题呢？与一般食谱书有所不同的是，许宏裕老师以多年的丰富餐饮经验，以及对食材特性的了解、对烹调方式的熟稔、对器具挑选的独特认知，从专业角度对烹调的方法与技巧深入浅出地加以陈述，让任何一个料理新手都能很快变成厨艺达人！

戴胜益

王品集团董事长

1973年希尔顿大饭店开到台湾，引领台湾走向了正规西餐之路，在此之前，西式的餐厅几乎都是有名无实。许宏裕师傅16岁学艺，专攻西餐至今，数次到意大利进修，并参与亚洲的各级国际竞赛，带过无数学徒，其间倾囊相授，从不藏私。赖晓梅师傅亦于16岁开始学艺，专攻甜点，有着丰富的业界经验与教学资历，荣获国际甜点大奖，最擅长"少女的酥胸——马卡龙"，曾为国外贵宾特制"创意马卡龙"，颇受佳评。

这本书是两位师傅首次携手合作的成果，依照书里的内容，读者能轻松地做西餐、甜点，并了解西餐的文化渊源，进而提升享用西餐的品味与素养。随着生活水平的提升，吃西餐已是生活中的一部分了，所以，西餐不只要懂得吃，还要知道如何制作及欣赏。

本书图文并茂，浅显易懂，让"新手也能变大厨"。跟随大师的脚步，从认识食材开始，练好基本功，你也能晋级为料理达人。

展圆国际 麻布茶房 张出郑

近年来政府大力推动餐饮业的发展，社会大众的饮食品味也逐渐提升，西餐也随之蓬勃兴起。

坊间虽不乏烹饪书籍，但本书由西餐名厨许宏裕、甜点名师赖晓梅倾力打造，两位大师深入浅出地将专业厨艺融入生活，独具特色。从西餐典故的介绍、食材的认识、器具的正确使用与烹调技巧，到全套西餐的制作，图文并茂，轻松易学，使新手也能快速上手。

本书两位作者具有丰富的西餐烹调经验与大专院校教学经验，并在国际烹饪竞赛中获得过殊荣。

作者凭借多年以来对西餐的钻研，将西餐制作的方法和心得编撰成书，用生动简单的内容来引发读者的兴趣。欣见新书面世，谨缀数语以为序。

台湾餐旅教育学会理事长

德霖技术学院校长 洪久贤

清朝的文学家袁枚也是一位美食家，他撰写了一本食谱《随园食单》，是清朝饮食方面的重要著作，系统地论述了烹饪技术和中国南北菜点，开启了我对饮食文化与厨艺的研究兴趣。

古人说"饮食男女，人之大欲"，又说"民以食为天"，在台湾还有一句"吃饭皇帝大"的谚语，可见饮食是我们日常生活中多么重要的一部分。

自1995年高雄餐旅专科学校（2010年改名高雄餐旅大学）建校招生以来，各高职、大专院校相继增设餐饮相关科系或研究所，让餐饮厨艺技术由师徒制的学习，提升到学校的专业教育，近年来餐饮学科更加呈现蓬勃发展之势。

宏裕兄16岁即入行学习西餐烹调，至今超过30年，习得一身烹调的好功夫，西餐制作实战经验丰富，并在本校与高雄餐旅大学等院校兼授西餐烹调课程，传承厨艺技术，惠及广大学子。

本书由宏裕兄与烘焙才女赖晓梅老师合著，两位大厨都是善将实务与理论、教与学相互结合的典范，令人敬佩。这本书以西餐制作生活化为主旨，从西餐的各式佳肴历史典故开始，引领读者使用各式刀具、认识食材并运用食材的特性，进入西餐烹调的制作过程。书中步骤清楚，每道菜的烹调过程皆亲自操作，是一本西餐烹调与烘焙食品制作的超实用工具书和教科书。

孟子说"君子远庖厨"，但近年来"君子近庖厨"已成为主流。如果"读书是前世的事"，期盼读者通过阅读宏裕兄和晓梅老师的这本书，能学习和领悟西餐烹饪之道，感受烹调的乐趣，并能用心品味生活中的饮食，那么"美食就是今生的享受"。

环球科技大学观光与餐饮旅馆系主任

丁一倫 谨志

2012年2月

用诚心、爱心、热心，烹饪好料理

这本书是我30年厨房实际工作经验、心得的展现，并融合了在高雄餐旅大学、环球科技大学、大同技术学院和中山工商等大专院校的教学经验。西餐烹调领域涵盖非常广泛，因此学习西餐烹调，不但需要用诚心去学习厨艺技术，认识食材及其运用方式，更需要了解当地的饮食文化背景，方可掌握食材的特性与烹调技巧，便于创制与研发更好的菜肴。在提高厨艺方面，我一直抱持着热心的态度，并真诚地跟随厨艺界优秀的同行们学习，协助学生们参加国内外烹饪大赛，在教与学的过程中彼此激励成长，以厨艺广结善缘。

如果您是一位厨房工作者，就应期许自己是一位烹调艺术家，用爱心去创作每一道佳肴，呈现给每位贵宾。若能勇于尝试并保持诚心、爱心、热心的态度，新手也能烹饪出好料理。

本书得以出版要感谢厨艺界长辈们的提携、栽培和指导，特别是全球餐饮发展股份有限公司岳家青执行董事长的爱护，以及环球科技大学观光与餐饮旅馆系丁一伦主任的鼓励，并深深感谢亲友家人和学生们的关心。拙著如有疏漏之处，望各位读者不吝指正，使我有更多学习和成长的机会。

Andy
3/10.2012

(Andy)谨志

大胆提问，积累厨艺实力

在高中求学阶段，我主修的是广告设计科，与现今所学的餐饮并无相关性，毕业后就在餐饮业打工。一开始接触到这个行业，是以学徒的身份磨炼自己的基本功，当时西点厨房中只有我一个女学徒。其实女孩子进这行一点都不吃香，当时并没有任何餐饮学校，并且老师傅的食谱是凭记忆口传，学徒得靠强记才能学到技术，所以，只要是师傅不去的研习活动，我都抢着去。

20多年来，我参加了上千场讲座，多次到国外进行短期进修。让自己进步最快的方法，就是"大胆提问"，不断练习与学习。因为只有这样，才能加强记忆，吸取别人积累下来的经验，转换为自己的资源。

在此要感谢餐饮业中愿意传授厨艺的师傅们，也是因为有他们无私的奉献，才能让台湾的餐饮业发光发热。

赖晓梅

目　录

Chapter 1

西餐简介
INTRODUCTION ABOUT WESTERN FOOD

西餐的分类相当广泛，一般都是以欧洲菜系为主，其他西方区域菜系为辅。对于有兴趣从事这一行业的人来说，应该对西方各地的历史背景、地理环境、人文特色、当地特产及饮食文化先有一定了解，才能对西餐烹调有更深入的理解。

餐饮艺术的终极表现
——法国菜 FRENCH FOOD

法国菜是西餐中最具知名度与代表性的菜系。凭借对食材的独特认知与灵活的运用，加上地理区位的不同造成的在烹饪技巧与风味上的独特性，法国人创造出了非常多的为世人所熟知的经典佳肴，这也是法国菜知名的原因之一。

16世纪时，意大利凯瑟琳公主因为政治原因嫁给法国国王亨利二世。那时随行者包括几位当时意大利的知名厨师，将意大利在文艺复兴时盛行的牛肝脏、黑菌、嫩牛排、奶酪等烹饪材料与技术一并带入了法国。原本就对饮食很讲究的法国人便将两国的烹饪优点融合在一起，大大提升了法国菜的地位。

后来法国国王路易十四在位时，针对凡尔赛宫的厨师与侍膳人员举办烹饪比赛，凡是烹饪技术优异者，就赐予蓝带奖（法语为LE CORDON BLUE），一直流传至今。在这种环境之下，培育出许多名厨，厨师更成为一种高尚且具艺术性的职业。

曾任俄国沙皇亚历山大一世与英皇乔治四世首席厨师的安东尼·卡瑞美(ANTOINE CAREME)，汇集了当时厨房烹饪用语与技巧，编著了一本《烹调大词典》(*DICTIONARY OF CUISINE*)，另外还写了两本餐饮书籍《法国菜艺术大全》*L'ART DE LA CUISINE FRANCAISE* 与《古典式法国菜》(*SURVEY OF CLASSICAL FRENCH COOKING*)，奠定了法国古典菜式的理论基础。

法国菜烹饪小常识

常用食材： 牛肉(BEEF)、小牛肉(VEAL)、海鲜(SEAFOOD)、家禽(POULTRY)、羊肉(LAMB)、鱼子酱(CAVIAR)、蔬菜(VEGETABLE)、松露(TRUFFLE)、田螺(ESCARGOT)、鹅肝(GOOSE LIVER)

配料选用： 使用大量酒、牛油、鲜奶油及各式香料

火　　候： 牛、羊通常烹调至五至七分熟即可

酱汁制作： 酱汁(SAUCE)制作非常费时，取材甚广，有高汤、酒、鲜奶油、牛油、各式香料、水果等，都可灵活运用

法国料理三宝——松露、鹅肝酱、鱼子酱

料理黑钻——松露

松露的生产季节大约是每年12月至次年2月底，种类高达三十种。外表看起来很平凡，但能散发出独特的香味，特别是有种浓厚的动物香。只要在菜肴上加点松露，便可提升这道菜的口味与价值，因此被饕客称为"料理黑钻"。但因松露相当稀少，所以价格昂贵。其中又以白松露最为稀有、昂贵，味道比黑松露更香醇。法国政府也曾经投入大量人力与财力研究松露的栽培与繁殖，但效果不是很好。

丰美珍馐——鹅肝酱

鹅肝的法文是FOIE GRAS，是法国著名的食材，常被制作成鹅肝酱。肝取自人工方式养殖的鹅，这些鹅以大量玉米喂食，肝脏丰厚肥美。

取得新鲜鹅肝后，还需要手工处理制作成如慕斯状的鹅肝酱。鹅肝酱除了可单吃，还可搭配法国面包，也可与沙拉、意大利面一起凉拌，还可切一片放在煎好的牛排上，让牛排香味与鹅肝结合在一起，会是道令人垂涎三尺的佳肴。

纯粹享受——鱼子酱

法国是欧洲食用鱼子酱最多的国家，鱼子酱的种类很多。世界上最高级的鱼子酱有三种：贝鲁加(BELUGA)、欧西加(OSCIETRA)、塞鲁加(SEVRUGA)。其中贝鲁加鱼子酱为最高级，颗粒大，光泽好，所以价格也最昂贵。其次是欧西加鱼子酱和塞鲁加鱼子酱，它们都取自海鲟鱼。

海鲟鱼是一种稀有的深海肉食性鱼类，主要分布在大西洋、印度洋和西太平洋等。海鲟鱼没有鱼鳔，在水中需要不停地游动以保持浮力，使得海鲟鱼独具肉质细腻、爽嫩、味道鲜美等特色。

海鲟鱼栖息在外海20米以下的深海水域，由于不作集群洄游，因此自然繁殖的概率很小，故产量较少。又因营养价值很高，一直受到欧洲国家高档餐饮市场的青睐。

法国菜常用食材

葡萄酒

法国是世界上最负盛名的葡萄酒、香槟和白兰地的产区之一，因此法国人对于酒的佐餐搭配非常讲究。比如说餐前应饮用较淡的开胃酒；食用沙拉、汤、海鲜时，通常搭配白葡萄酒；食用肉类时则搭配红葡萄酒；在饭后饮用少许白兰地或甜酒类；香槟则用于结婚、生子等宴会、庆典。

起司

法国的起司相当有名，而且种类很多，依形态看有新鲜而软的、半硬的、硬的，做法也有很多种。通常食用起司时，会搭配面包、干果(核桃等)。

法国料理之始祖
——意大利菜 ITALIAN FOOD

早在文艺复兴时期，意大利人对于烹饪技巧与食材应用就很讲究了。而且，最令意大利人引以为傲且津津乐道的就是他们自认是法国菜的鼻祖，这是因为意大利人将传统意大利烹饪技术带入了法国，法国人再将两国烹饪优点加以融合，才创造出现今世界上最具盛名的法国菜肴。

意大利菜在烹饪上一般口味较重，非常喜欢用橄榄油、大蒜、番茄、各式香料。在烹饪方式上注重原汁原味，油炸类很少，都以烧烤、烩为主。

还有些颇具国际知名度的菜肴，例如生腌牛肉(CARPACCIO)、焖小牛蹄(BRAISED OSSO BUCO)、柠檬鸡(LEMON-CHICKEN)。意大利人对肉类制作与加工非常讲究，如风干牛肉(DRY BEEF)、风干火腿(PARMA HAM)、沙拉米(SALAMI)，与各式冷肉肠(SAUSAGE)等，这些冷肉制品非常适合做开胃菜与下酒菜。

意大利人也非常喜欢面类制品，这里的面类制品有百余种，如菠菜面片(LASAGNE)、宽鸡蛋面(TAGLIATELLE)、意大利面(SPAGHETTI)、通心粉(MACARONI)、饺子(RAVIOLI)，还有流行于世界各地的比萨饼(PIZZA)，比萨饼搭配着各式番茄沙拉、香肠、青椒、起司，可以变化出相当多的口味。

起司深受意大利人喜爱，如帕玛森起司(PARMESAN)的风味，令人回味无穷。咖啡在意大利也非常流行，蒸汽压缩咖啡(ESPRESSO)和卡布基诺咖啡(CAPPUCCINO)都是饭后与休息时的最佳饮品。

到意一游，不可不吃

米　兰：特产有米、松露　　　　**知名菜肴**：米兰猪排(PORK CHOPS MILANESE)
　　　　　　　　　　　　　　　　　　　　　　红花饭(RISOTTO MILANESE)

威尼斯：特产有海鲜　　　　　　**知名菜肴**：番茄海鲜汤(ZUPPA DIPESECE)
　　　　　　　　　　　　　　　　　　　　　　洋葱小牛肝(CALF LIVER)

罗　马：无特产　　　　　　　　**知名菜肴**：小牛火腿片(SALTIM BOCCA ALLA ROMANA)

Chapter 2

主菜常用食材 与配料
MAIN INGREDIENTS AND FLAVORS

选材是烹调的重中之重。不论是肉蛋奶这些西餐主角，还是调味用的配料，都要充分利用食材本身的味道才能做出真正的美味。

主菜常用食材
MAIN INGREDIENTS

不同部位的牛肉、鸡肉、猪肉、羊肉、鱼肉，通过师傅的巧思，运用各式调味料，再经过巧妙技法烹调，就可变化出一道道美味可口的西餐主菜。

牛肉 BEEF

牛肉是高品质蛋白质、维生素、矿物质(尤其是铁和锌)的重要来源。一般在市场上常见的牛肉切割分类，通常是使用美国式分割法，以下就依西式料理的常用牛肉部位，介绍最适合的烹煮方法。

牛肉部位示意图

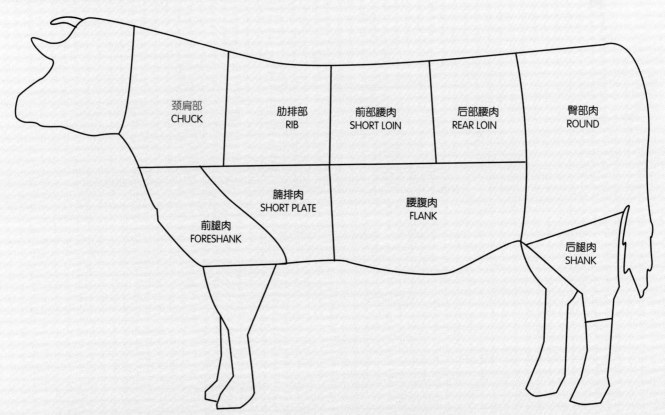

颈肩部 CHUCK
颈部肉：适用于绞肉、炒、焖炖。

肩部肉：又称夹心肉，适用于烧烤、炒、焖炖、
　　　　煮。

肩胛里脊：又称黄瓜条，适用于烧烤、炒。

肩胛小排：适用于烧烤、红烧、炭烤。

肋排部 RIB
带骨肋里牛肉：适用于烧烤。

肋骨牛排：适用于炭烤、煎。

不带骨肋眼牛排：适用于炭烤、煎。

肋眼条肉：适用于烧烤。

肋骨小排：适用于炭烤、红烩。

前部腰肉 SHORT LOIN

条肉：又称大里脊，可做成纽约牛排NEW
　　　YORK、沙朗牛排SIRLOIN，适用于炭
　　　烤、煎、烧烤。

丁骨牛排：适用于炭烤、煎。

红屋牛排：适用于炭烤、煎。

天 特 朗：又称菲力或小里脊，适用于烧烤、
　　　煎、水煮。

后部腰肉 REAR LOIN
又称鞍部肉 SADDLE

去骨沙朗牛排：适用于炭烤、煎、煮。

针骨沙朗牛排：适用于炭烤、煎、红烩、煮。

平骨沙朗牛排：适用于炭烤、煎、红烩、煮。

臀部肉 ROUND

又称大腿肉，可分上部后腿肉、外侧后腿肉、
内侧后腿肉、下部后腿肉等四大块，均适用于
烧烤、焖煮、红烩。

腰腹肉 FLANK

腰腹肉牛排：适用于焖煮、烩。

腰腹肉卷：适用于烧烤、焖煮。

腰腹绞肉：适用于煎、焖煮。

腩排肉 SHORT PLATE

牛小排：适用于炭烤、烧烤、煮、烩。

牛腩肉：适用于烩、煮。

绞肉：适用于做汤、肉丸、肉酱。

前腿肉 FORESHANK

小腿切块：适用于焖煮、烩。

绞肉：适用于做汤、肉酱。

其他 OTHERS

牛的其他部位如牛心、牛舌、牛肚、牛肝、牛腰
等，也常用来烹调食物，其他还有可做汤或酱汁
配料的牛骨、煮浓酱汁用的牛尾。

小牛肉 VEAL

背部及鞍部肉 BACK AND SADDLE

条肉、腰肉：适用于做牛排、炭烤、烧烤。

菲力、小里脊：适用于切片、炭烤、煎、烧烤、
　　　　　炒。

肋排：适用于做牛排、炭烤、烧烤、煎。

腿部肉 LEG

上腿肉：适用于拍成大肉片、切片、烧烤、红
　　　烩、炒、煎。

腱子：适用于切成大块、烧烤、红烩。

猪肉 PORK

猪肉部位示意图

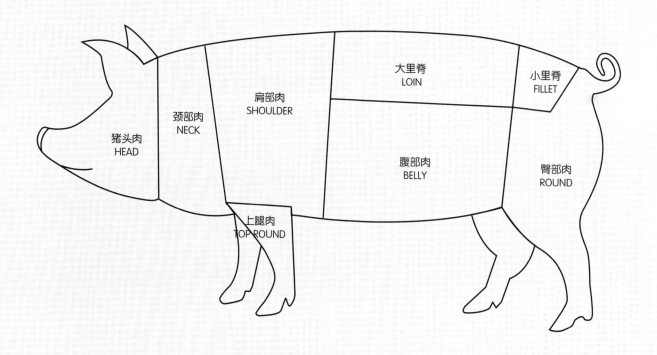

大里脊 LOIN

小里脊 FILLET

肩部肉 SHOULDER

颈部肉 NECK

猪头肉 HEAD

腹部肉 BELLY

臀部肉 ROUND

上腿肉 TOP ROUND

背部肉 BACK

大里脊：适用于煎、炭烤、烧烤、烟熏、炸。

小里脊：适用于煎、烧烤、炒。

肋排：适用于做牛排、炭烤、烧烤、煎。

颈部肉 NECK 适用于烧烤、红烩。

臀部肉 ROUND 适用于烧烤、烩。

上腿肉 TOP ROUND 适用于煎、烧烤、炸。

排骨 SPARE RIB 适用于烧烤、腌渍、炭烤、焖、烩。

肩部肉 SHOULDER 适用于烧烤、腌渍、红烩。

腹部肉 BELLY

适用于做培根肉、板油、烧烤、炖。

其他 OTHERS

猪头肉：适用于煮、卤。

猪蹄：适用于煮、卤、烩。

腰与肝：适用于煮、炒。

舌：适用于煮、卤、红葡萄酒烩。

脑：适用于煮、卤、炖。

羊肉 LAMB

背部及鞍部肉 BACK AND SADDLE

全鞍部肉：适用于烧烤。

羊排：适用于煎、烧烤、炭烤。

大里脊：适用于切割羊排、炭烤、烧烤、煎。

腿肉　适用于红烩、烧烤、炖。

羊膝　适用于焖、烩、炖

胸肉　适用于红烩、煮、炖。

肩部肉　适用于烧烤、腌渍、红烩、炖、焖。

家禽、野味类 POULTRY AND GAME

家禽类 POULTRY

老母鸡：每只约1.5~2千克，适合熬高汤。

成鸡：每只约1~1.5千克，适合烹制烤鸡。

春鸡：小鸡(每只约0.5~0.8千克)。

火鸡：每只8~15千克。

鸭：每只约1.8~2.5千克。

鹅：每只3千克以上。

野味类 GAME

野外才可看见的雉鸡、鹌鹑、绿头鸭、野鸽、野兔、鹿等，也都会被拿来当作西式料理的食材。

淡水鱼类、海鲜类 FRESHWATER FISH AND SEAFOOD

上市场到鱼摊买鱼，想看看鱼新不新鲜时，检视外观与气味是最佳的方法。

鱼部位示意图

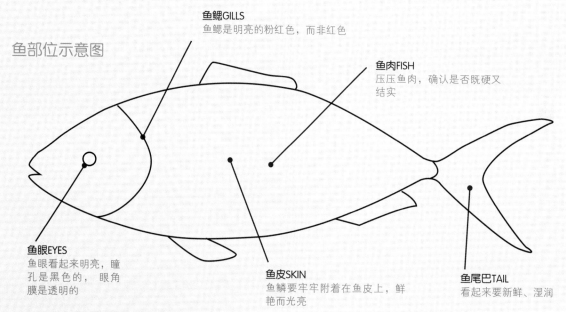

鱼鳃GILLS
鱼鳃是明亮的粉红色，而非红色

鱼肉FISH
压压鱼肉，确认是否既硬又结实

鱼眼EYES
鱼眼看起来明亮，瞳孔是黑色的，眼角膜是透明的

鱼皮SKIN
鱼鳞要牢牢附着在鱼皮上，鲜艳而光亮

鱼尾巴TAIL
看起来要新鲜、湿润

淡水鱼类 FRESHWATER FISH

鲤鱼：原产于亚洲的淡水鱼，适合以油炸、蒸、煮、烤的方式烹调。

鳟鱼：产于北美洲，少数种类为海水鱼，适合用蒸煮、烘焙、炭烤、煎和明火烧烤、烟熏等烹调方式来处理。

鳗鱼：鱼肉油质含量高，富含维生素A、D与蛋白质，在日本和欧洲广泛用于烹饪，适合烘烤、炖煮、烟熏。

梭子鱼：在欧洲非常受欢迎的一种淡水鱼，鱼肉细瘦密实，油脂含量低，适合各种烹煮法。

鲑鱼：产于北海、加拿大、太平洋，从淡水鱼到海水鱼都有，是洄游性鱼种，适合各种烹调方式，尤以烟熏和盐渍最好。

鲑鳟：产于北大西洋、北海，和鲑鱼属同一种类，但体型较小。

海鲜类 SEAFOOD

海水鱼 SALTWATER FISH

鲈鱼：肉质细密，适合煎、炭烤、打鱼慕斯；鱼骨可煮高汤，富有胶质。

红鲣鱼：俗称金线鱼，非鲣鱼类，适合油炸、煎、炭烤、水煮。

鲷鱼：种类包括红鲷、黑鲷与日本鲷鱼等，适合以蒸、煮、煎、烘焙等方式烹调。

红鱼：产于美国沿海，属鲷鱼品种，一年四季皆可购得，适合各种烹调方法。

白银鱼：产于地中海，适用于烟熏、煎、烤。

鳕鱼：产于太平洋与大西洋海域，肉质细嫩，适合蒸、烘烤、焖煮、明火烧烤、油炸、烟熏等烹调法。

沙丁鱼：是种体型小、骨软的海水鱼，适合烧烤、油炸、煮、烟熏、盐渍或制作沙拉和罐头。

海令鱼：是鲱鱼的一种，分布于太平洋和北大西洋海域，肉质细软，适合烧烤、炭烤、腌渍、盐渍、烟熏。

鲭鱼：又称为青花鱼，生长于大西洋海域，适合盐渍、烟熏、明火烧烤、制作罐头。

鲔鱼：适合明火烧烤、炭烤、油煎、制作罐头。

多佛鲽鱼：又名为黄帝鱼、龙利鱼、鲽鱼，肉质细嫩，适合蒸、煮、烘烤、烧烤等烹调法。

突巴鱼：大型比目鱼，从冰岛到地中海海域皆可见到，适合蒸、煮、烘烤、油炸等烹调法。

哈立巴鱼：大型扁鱼，是鲽鱼的一种，适合各种烹调法。

鲟鱼：在里海、黑海、美国、南大西洋都有鲟鱼的踪影，可制作鱼子酱，适合焖煮、烧烤、炭烤等方式。

鳀鱼：产于南欧地中海沿岸，适合盐渍、制作罐头。

鲳鱼：适合明火烧烤、烟熏、烘烤、炭烤等烹调法。

石斑鱼：产于墨西哥湾等地，适合蒸煮、煎、烤等烹调法。

黑貂鱼：俗称阿拉斯加鳕鱼，鱼肉质细味好，适合油炸、烘焙、烧烤、炭烤、烟熏等烹调方式。

旗鱼：全球各海域都能看得到旗鱼，体积大，适合烧烤、烘焙。

甲鱼(鳖)：可炖煮，做成浓汤等。

甲壳类 CRUSTACEANS

小虾：全球各海域都有，可制作成干虾米、虾酱、虾露和虾慕斯。

明虾：又称为斑节虾、虎虾，肉质细致，味甜，适合炭烤、煎、蒸煮、明火烧烤。

龙虾：产于北美洲、大洋洲、南非、墨西哥等地，适合炭烤、蒸煮、焗烤。

小龙虾：是淡水小龙虾，为美国路易斯安那州人的常用食材，还可拿来烹调小龙虾酱汁。

帝王蟹：产于北太平洋沿海一带，又称为阿拉斯加巨蟹，取蟹腿做料理用。

雪蟹：产于北太平洋和加拿大东部沿海一带，适合蒸煮、制作沙拉，蟹肉可制作罐头。

软壳蟹：螃蟹长到一定程度时，必须蜕去其旧有的硬壳，再生长出可容纳变大身躯的新壳，新壳是软的，故称为软壳蟹，适合酥炸做冷盘。

石蟹：产于美国佛罗里达州，可蒸煮，躯壳质地硬。

软体类 MOLLUSCS

淡菜：俗称孔雀贝，产于地中海、大西洋和太平洋沿岸，壳身是深黑色。欧洲人尤其喜欢新西兰产的绿淡菜，适合油炸、蒸煮、烟熏、制作罐头。

生蚝：又称蚵，适合蘸面糊后油炸或炭烤、炒、煎等烹调法。贝隆生蚝(BELONE)等新鲜生蚝亦可生食。

蛤：适合煮汤、蒸、炒、烤等烹调法。

干贝：适合炭烤、烧烤、炒、煎、煮等。

鲍鱼：通常产于墨西哥、美国及日本沿海，常用来盐渍、制作罐头或干货。

田螺：全球各地都产田螺，法国柏根地的田螺最佳，料理中以柏根地红葡萄酒田螺最负盛名。

章鱼：章鱼的墨汁可制作意大利面条，新鲜章鱼则适合烟熏或制作罐头。

墨鱼：适合烟熏、炒、烤、制作丸子。

鱿鱼：俗称透抽，适合炒、烤、烟熏、晒干、制作丸子。

田鸡腿：适合做汤类、油炸、炒等。

保存性食品 PRESERVED FOOD

罐装鱼类与鱼卵类制品
PRESERVED FISHES & ROES

为了防止食物因天候或其他因素腐烂变质，18世纪末法国人发明了玻璃罐头，之后英国人彼得·杜伦研制出了薄锡铁制成的铁皮罐，并在英国获得了专利，于是就有了现在常用的铁罐头，它也是保存食物的最佳容器之一。

在市面上可见到罐装鳗鱼、鲔鱼、田螺、沙丁鱼，腌渍海令鱼，烟熏鲑鱼、鳗鱼、鲭鱼，贝鲁加鱼子酱、塞鲁加鱼子酱、小粒贝鲁加鱼子酱，鲂（又称为疙瘩鱼卵）及海水鲑鱼卵。

保存性肉类制品
PRESERVED MEATS

在没有冰箱还需保存食物的年代里，人们将新鲜食物以盐腌制再脱去水分，作为防止食物腐烂的方法，火腿就是古老年代的产物。现代人取猪后腿肉、牛舌等肉品，经过盐渍、烟熏、发酵、干燥等各种方法来保存肉类食物，风味独特，颇受欢迎。

种类琳琅满目，包括火腿、烟熏火腿、风干火腿、圆形火腿、烟熏里脊肉、切片培根、块状鹅肝酱、烟熏火鸡肉、咸牛肉、烟熏牛舌、烟熏胡椒牛肉、风干牛肉、意大利风干香肠、里昂式肉肠、小牛肉肠、猪肉香肠、热狗香肠、意大利奇布里塔香肠、德国香肠、西班牙蒜味香肠等。

食用蛋类 EGGS

鸡蛋 CHICKEN EGG

外壳有黄色与白色两种。以外形来分，有圆形蛋和长形蛋两种：

1.圆形蛋：蛋黄多 、蛋白少，较适用于烹调。

2.长形蛋：蛋黄少 、蛋白多，较适用于蛋糕与点心制作。

另外还有鹅蛋 、鸭蛋 、鹌鹑蛋、鸽蛋等，皆可被当成食材入菜。

小贴士：

如果不确定鸡蛋的新鲜度，可通过一个简单实验来检视。

1 新鲜的蛋，因为水分含量高，所以较重。这样的蛋会沉入水中，停在玻璃杯的底部。

2 不新鲜的蛋，由于气孔增大，水分透过蛋壳流失，蛋会垂直浮起，尖端朝下。

香草、香料及调味料
HERBS AND SPICES

或香甜、或微酸、或清新、或辛辣的新鲜香草、
香料及调味料，在烹调或烘焙过程中担任着画龙
点睛的角色。借着新鲜香草及香料为食物提味，
让每一道佳肴都散发出妙不可言的好滋味。

香草 FRESH HERBS

香菜
原产于地中海与亚洲一带，但现在遍及世界各地。多数人使用其叶部及种子部分，泰国普遍使用根部。具有少许葛缕子香味，为咖喱主要材料之一。

龙蒿
产于欧洲，特别是法国，通常使用其叶部，是做酱汁、香料醋与汤品的好材料，可用于鸡肉、鱼肉与蔬菜的料理，有种大茴香(ANISE)的清香味。

罗勒
又称为九层塔，产于印度、中国等地，大都使用其叶部，用途极为广泛，味道近似丁香咖喱，多用于意大利菜，适用于肉类、海鲜、酱料中的料理。

薄荷
因品种不同，会散发出不同的气味，如苹果味、胡椒味等，原产于地中海与西亚一带，现在遍及全球各地。通常使用其叶部，用于酱汁羊肉或郁兰甜点。

香薄荷
一年四季都生长，产于地中海一带，大都使用其叶部，它含有百里香和薄荷的双重味道，适用于调味品、肉、鱼、汤品和豆类中。

鼠尾草
产于北地中海一带的海岸边，多用于调制馅料及猪肉、起司、豆类、禽肉或野味的烹调。

月桂叶
产于亚洲、欧洲、美国，多使用干燥的，适用于汤品与酱汁。

百里香
有多种风味，产于南欧与地中海一带，适用于香料包、酱汁的制作及汤、蔬菜、禽肉、鱼的烹调。

荷兰芹
产于地中海一带，一般都使用其叶部，适用于酱汁与混合香料、沙拉酱汁的调味，其根部可用来炖高汤。

虾夷葱
产于欧洲较冷的区域，现在有许多地方栽种，如美国、加拿大。通常用作汤、沙拉的配料或制作鱼和海鲜的酱汁，其花朵还可作装饰。

奥勒冈
产于亚洲、欧洲、北美洲，又称牛膝草。通常用于酱汁或比萨饼中，尤其以意大利菜使用最多。

马郁兰
产于地中海一带，多使用其叶部，适用于制作蔬菜沙拉或搭配小牛肉、羊肉，也可做馅料，味道相当好。

迷迭香
有着浓郁香气的迷迭香，散发着柠檬与松树的气息，产于地中海，大都使用其叶部。法国菜经常使用它，多用于烹调羊肉、制作酱汁，或浸渍在醋和油中做烹调。

小茴香、莳萝

属伞形科，原产地在地中海一带，一般使用其叶部与种子。通常用于制作腌泡菜、沙拉、鱼类、肉类、酱汁。

细叶芹

一年生草本植物，产于中东、欧洲。通常用于做沙拉、酱汁、综合香料。

茴香(大茴)

原产于地中海等地，现在在许多国家都可找到，味道类似八角，通常适用于沙拉中海鲜类、鱼类及蔬菜类的烹调。

小贴士：

1 香料束

通常用于制作高汤、沙司、烩菜。包括月桂叶、西芹、青葱、胡萝卜、荷兰芹、百里香，使用时切成10～12厘米的长度，再用细棉绳绑紧。

2 香料袋

用途与香料束相同，通常是将胡椒粒、月桂叶、迷迭香、百里香、荷兰芹、大蒜用细纱布包裹在一起，常以此法来制作高汤或用于烩、炖的菜品。

混合香料、调味料
MIXED HERBS AND SPICES

咖喱粉
源自东印度，使用多种香料混合而成，有很多种风味，在许多国家的烹饪中都经常使用。

山葵(辣根)
使用时先磨碎，再加鲜奶油、醋、美乃滋，通常用来制作白辣椒酱或搭配冷肉、冷海鲜，日本人用它做芥末酱，常用于搭配生鱼片。

芹菜种子
从芹菜中取出风干。产于意大利，有少许苦味，通常用于做汤或烩菜类。

茴香种子
取自茴香，散发浓厚香气，具有八角风味，用于鱼类料理或咖喱、苹果派的制作。

莳萝种子
用来做汤、沙司或用于海鲜和淡水鱼类的烹调。

红辣椒
产于中南美洲的一种热带辣椒，经过干燥后磨成粉，辣味浓郁。

花椒
产于中国，具有芳香的气味，细分又有很多种口味，常用于中式料理，尤以四川菜使用最多。

梵尼兰
一般简称"香草"，是一种叫香草豆的果实，生长在中南美洲，通常用来做甜点的酱汁、蛋糕、巧克力布丁。

肉豆蔻
产于印度尼西亚、马来西亚等地，适用于烘焙或搭配鲜奶、水果、蔬菜，尤其在烹煮马铃薯时使用更美味。

丁香
具有特殊香味，用于点心与酒的制作或在烧烤猪腿、火腿时使用，都很有特色。

大蒜头
用来制作调味料或烹调各类菜肴，使用广泛。

肉豆蔻皮
取自肉豆蔻果实表层的红色膜瓣，晒干后即转为淡黄色，使用时研磨成粉状。

肉桂
将肉桂皮晒干，可磨成粉使用。斯里兰卡的肉桂比中国肉桂味道更鲜美。通常用在点心与面包上，尤其是制作苹果派时。

匈牙利红椒粉
用产于南美洲的一种椒类做成，味道辣中带甜，匈牙利有许多名菜均使用它。

罂粟种子
罂粟产于东南亚一带，如泰国、缅甸等国家，通常用于搭配面包，印度菜、犹太菜中使用较多。

香菜种子
香菜产于南欧、东南亚、中东一带，通常烘干搅碎或磨粉使用。

藏红花
藏红花花蕊具有特殊的香味，是一种非常贵的香料，带苦味，能为食品染色。

小豆蔻

具有特殊的香味，通常制作咖喱粉时使用。

牙买加胡椒

产自西印度地区，具有多种不同香料的味道，使用时可压碎或磨粉。

郁金根粉

姜科，又称姜黄，郁金的根部烘干磨成的粉(黄色)，是咖喱粉的配料，也是调色与调味的好材料。

葛缕子

许多烘烤类食物中会使用，亦可制作面包、起司、蛋糕。德国、奥地利、匈牙利菜常使用它。

八角

植物八角茴香的果实，产自中国，具有特殊的香味，通常用来做卤制品、腌泡食品或酿造八角酒。

姜

味道辛辣，有去腥、去寒的作用。

杜松子

又称苦艾，可用来制作琴酒与烹调野味。

辣椒粉

取辣椒果实晒干磨成粉。

胡椒粒

目前胡椒粒分为四种，如下：

1 青胡椒粒：质地较软，可将未成熟的青色的果实腌浸于水中制作罐头，也可加以干燥。

2 粉红胡椒粒：青胡椒粒变红时采下、烘干，可制作酱汁，也可做配饰用。

3 白胡椒粒：是完全成熟的果实经过去皮干燥后制成。

4 黑胡椒粒：青胡椒粒未完全成熟时予以干燥，至表皮缩成黑色。

乳类与油脂类
DAIRY AND FAT

清新又香浓的乳制品和起司，是欧美人日常饮食的重要素材。人们会以简单、容易的制作方法，将它们和甜品、菜肴结合，制作出各色别具匠心、令人回味的诱人食物。

乳类与油脂类 DAIRY AND FAT

无盐牛油
较适合烹调或搭配点心、面包使用。

带盐牛油
带些咸味，较适合烹调用。

猪油
猪的肥肉加热熔化，澄清，比牛油和麦淇淋软，适合烘烤或油炸时使用。

麦淇淋
是牛油的替代品，可从动物或植物的油中提炼，适用于面包或点心的制作。

鲜奶油
取自新鲜牛奶表面的油，可分为单品奶油与双品奶油，许多菜的烹调都要用到，制作西点蛋糕和多种酱汁时也需使用。

牛奶
一般分为全脂奶和脱脂奶，可作为饮料或搭配点心、菜肴。

酸奶油
通常是将牛奶加温消毒后，取其漂浮物，并加上酵母菌使其变稠，多用作烹调时的配料。

优格乳
一般称为酵母乳，是在凝固的牛奶中加入乳酸菌制成，通常用在早餐时，常与水果一起食用。

打发鲜奶油
此种奶油是用单品与双品奶油混合打发而成，通常用于做点心、酱汁和配料。

起司CHEESE

康门伯起司
是一种有名的法国起司，大多数用来做点心或小吃，含油量21%。表层有白毛，是起司外结成的一层绒毛状物。

伯瑞起司
法国产的起司，具有奶油水果的香味。通常用来做酒会的小点心或饭后小点心，含油量约有28%~30%。

瑞柯达起司
意大利产的起司，一种半熟的起司，口感上松软滑嫩，味道温和，通常用于制作甜点或烹调。

玛斯卡邦起司
意大利出产的一种新鲜而软的起司，味道清淡、温和，常用在点心上，如提拉米苏(TIRAMISU)。

莫扎里拉起司
意大利传统半熟起司，从牛乳中提炼，味道温和，奶油味重，通常适用于烹调，如沙拉、比萨饼、烤面包、三明治等。

白屋起司
外形呈粒状，凝结在一起，味道温和，奶油味重，通常用于做起司蛋糕、水果沙拉等。

奶油起司

是一种新鲜半熟的起司。从牛乳中提炼，味道温和，许多国家都有出售，适合用于做起司蛋糕。

伯生起司

法国产的一种高乳味起司，含油量36％，通常有三种风味，如香料、大蒜、胡椒，一般食用时会附带饼干。

汤米葡萄干起司

法国产的起司，从牛乳中提炼，外层包裹有葡萄干，呈黑色，是一种非常好的点心用起司。

波特沙露起司

法国产的一种黄皮起司，从牛乳中提炼，是一种很好的饭后点心或饮酒时搭配的小吃。

巧达起司

英国最有名的起司，从牛乳中提炼，味道从温和到强烈，适合当作小吃或烹饪用。

格鲁耶尔起司

从牛乳中提炼，瑞士人常用来做非常有名的瑞士火锅与酱汁。

依门塔起司

是世界非常有名的瑞士起司，从牛乳中提炼，有干果的风味，通常用作瑞士起司火锅或饮酒时搭配的小点心。

亚当起司

从牛乳中提炼，圆球形，外面包一层红色的食用蜡，一般用来当酒会的小吃或烹调用。

山羊起司

产自法国，用羊奶与少许牛奶制成，用来当酒会的小吃或烹调用。

哥达起司

产自荷兰，驰名世界，从牛乳中提炼，可新鲜时吃或处理后食用，通常用作酒会等的小吃。

帕玛森起司

呈颗粒状，从牛乳中提炼，通常做成很大的圆桶形，搅碎后使用。大部分用来烹饪。

歌歌祖拉起司

在起司中有许多呈条纹状的绿色物，味道强而浓，通常用作点心、小吃、拌沙拉或是搅碎后撒在食物上加以烘烤。

拉克福蓝莓起司

法国出产的蓝莓起司，也是公认的最好的起司，被誉为"起司之王"。从牛乳中提炼，味道强而浓，通常用作饭后点心、小吃或沙拉等的调味料。

烟熏依门塔起司

瑞士出产的一种长条形香肠式包装的起司，具有独特的烟熏风味，通常用作酒会小点心。

丹麦蓝莓起司

产自丹麦，从牛乳中提炼，味道强，奶油成分高而且松软，通常用作点心与沙拉调味汁。

起司做法

它的原料是乳汁(乳牛、山羊、绵羊和野牛的乳汁都可使用)，将凝乳与奶清分开后，再将凝乳压缩，静置一段时间，凝乳就会转变成起司。

Chapter 3

刀具介绍
与食材切割法
KNIFE INTRODUCTION AND CUTTING

刀具的选择也可以影响烹调的味道。
正确使用刀具切割食材，不仅可保持食材的美感，还能保存营养成分。
因此学习做菜前，别忘了先学刀法；同时还要充分了解食材的质地，根
据食材的质地选择适用的刀具，这样才能享受做菜的乐趣。

刀具分类 KNIFE TYPES

主厨刀，又称西餐刀，可分为片刀与厚刀。

片刀： 用于切无骨肉类、蔬菜。

厚刀： 用于切块、切丁、剁块等。

21cm主厨刀

25cm主厨刀

23cm主厨刀
有不同长短与等级，长度为
18~30厘米。

厨刀
薄而尖的细长厨刀，可用
来取鱼肉、去筋、去皮。

沙拉刀
专门切蔬菜类。

面包刀
切面包、蛋糕类。刀刃成齿
状，使用割锯切法。

小刀
属于小型刀，主要用来削皮、
去梗、雕刻食材。

去骨刀
主要用来分解肉与骨，刮去粘
在骨头上的碎肉。它的刀刃是
所有刀中最坚硬的，呈曲线
形。

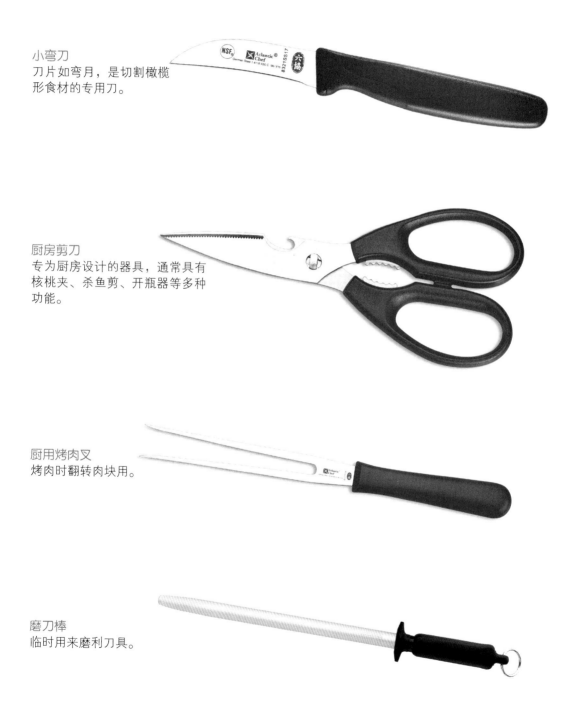

小弯刀
刀片如弯月，是切割橄榄
形食材的专用刀。

厨房剪刀
专为厨房设计的器具，通常具有
核桃夹、杀鱼剪、开瓶器等多种
功能。

厨用烤肉叉
烤肉时翻转肉块用。

磨刀棒
临时用来磨利刀具。

小锯齿刀
专为取果肉用，刀片韧
性强。

生蚝刀
刀刃钝，刀身短硬，
专门用来开蚝壳。

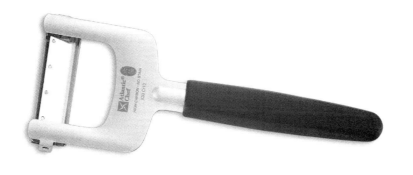

多功能刨刀
可把硬块状食材，如马铃薯、
胡萝卜、芋头等刨成片、丝、
条或蜂巢等形状。

奶油刮刀
可将奶油块刮成卷状。

刀具的使用和保养 USE AND UPKEEP OF KNIFE

刀具的使用

1 握刀时手要正，所谓心到、眼到，手到。

2 手握刀背切物时，刀口微微向外，另一只手的手指向内弯曲。

3 尽量使用刀的前半部分来切割。

4 右手握刀时尽量用刀身来推动左手弯曲的手指，如此可使食材的厚度均匀。

5 需注意食材形状，长圆形、叶片形或球形均有不同的切割方式。

6 要切碎食材时，通常是右手握刀柄，左手轻压刀头，再用右手快速上下压动，同时做扇形移动。

握刀方式示范：

❶ 后四指顺着刀柄。　　❷ 大拇指放于刀柄与刀片连接处。❸ 左手按压被切物，刀口微向外。

刀具的保养

使用刀具前须磨利，通常磨刀器具有磨刀石、磨刀棒、磨刀机三种。

1.磨刀石

最常用的一种磨刀器具，分为细面磨刀石和双面磨刀石(一面粗，一面细)。

磨的时候先将磨刀石放置平稳，淋些水，再将刀放上，刀口微微向下压着前后推动，两面需均匀磨动。要随时淋些水，磨刀石才不会干涩。最后将刀洗净，擦干备用。

2.磨刀棒

也是一种常用的磨刀器具，能在短时间内将刀暂时磨利，但无法持久。使用时用左手握紧磨刀棒，大拇指顶在护手下，将磨刀棒头朝上，然后再用右手拿着要磨的刀，贴在磨刀棒的护手上方，向上靠紧并来回拉动。磨好后，要将刀上的水擦干备用。

3.磨刀机

将电源打开后，磨刀机会转动，再将刀口靠近。磨刀时要小心谨慎，才不会伤害刀口或造成刀子弯曲、断裂。一般不用此方法。

小贴士：得心应手的用刀方法

1 用手紧握刀柄，但需保持灵活性。

2 使用刀时，不可一心两用，眼睛要注视着被切物。

3 使用刀时禁止拿刀对人开各种玩笑。

4 随时保持刀的锐利。

5 用刀时应在木制或塑料切板上，不可在不锈钢或大理石桌面上切。

6 不同的刀有不同的使用方式，如长刀严禁用于砍大骨头，以免刀子产生豁口或断裂。

7 刀使用完后，放回切板上时，刀口朝上。

8 刀使用完毕，不可浸泡在水中或砍至切板上，以免造成危险。

9 刀使用完后，必须清洗并擦干，再放入刀盒内。要养成好的习惯。

鸡的切割法 CHICKEN CUTTING

虽然市场上有帮忙去骨的服务，但是想要打好厨艺基础，
如何处理鸡肉仍是必学的功夫。

全鸡的处理方法

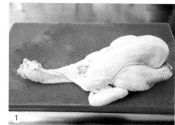

1 全鸡。

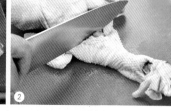

2 先去鸡头。

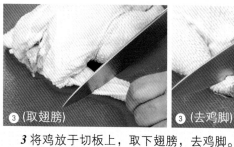

③ (取翅膀)　③ (去鸡脚)

3 将鸡放于切板上，取下翅膀，去鸡脚。

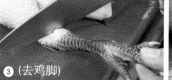

4 胸部朝上，从鸡脖子处划
开成两半。

5 大腿与胸部连接处，以
刀划开。

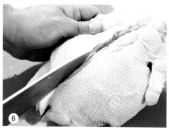

6 翻到背部，以刀划开。

7 脖子处划开。

8 刀尖沿着鸡胸骨处，贴着骨
与肉之间的缝隙，将鸡胸肉
小心沿着骨边取下。

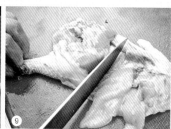

9 从腿与胸的中间，将鸡
腿和鸡胸肉切开。

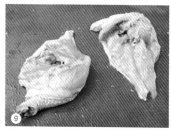

10 鸡胸去骨：沿着鸡胸部三角骨的缝隙将胸肉与骨分离。

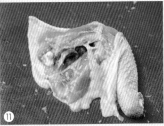   

11 取腿肉的步骤：虎口压住骨头顶端，刀尖沿骨头划割，沿骨头边将肉切开，把骨头完全取出，肉不切断。

  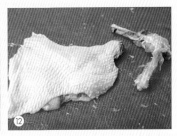

12 去腿骨肉并剔筋，剁去脚骨留膝部。留膝部是为了避免煎腿肉时整块肉收缩。

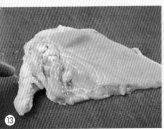 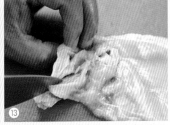

13 取鸡胸翅肉的步骤：从翅骨边缘将肉切开，让胸肉呈平面，才容易煎熟。

半鸡的处理方法

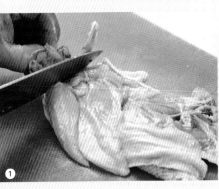  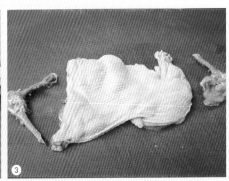

1 先切胸部三角骨，让胸肉与骨分离。

2 虎口压住骨头顶端，刀尖沿骨头划割，顺骨头边切开，把骨头取出，肉不切断。

3 半鸡去骨，仅留鸡翅骨与鸡腿膝部分。

鱼的切割法 FISH CUTTING

整条鱼从去鳞、去鳃到如何分离皮与肉，都是技巧，熟能生巧，多多练习是掌握技巧的不二法门。

切割鱼的方法

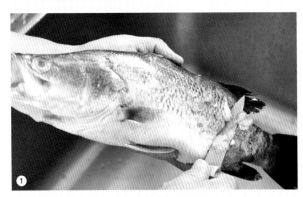

1 鱼去鳞，从鱼尾往上刮除鳞片。

2 去内脏、鳃，用剪刀剪开腹部至鳃处，把内脏整个取出。

3 把鱼放在砧板上，从头部鱼鳍处横切一刀。

④ (贴紧)

4 刀贴紧鱼背从背部一刀划下取肉。刀要靠着鱼骨，肉才不会粘在骨头上。

④ (划下)

④ (剖开)

4 (取肉)

5 取出切好的鱼肉。

6 接下来自尾部取鱼皮，刀口向外，刀面与尾成80度。

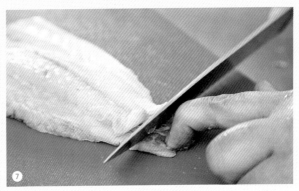

7 将鱼尾皮与肉分离，不要切断鱼皮。

8 拉住鱼尾皮，一边拉一边分离鱼肉与鱼皮。

9 完成。

蔬菜切割法 VEGETABLE CUTTING

基本切割法

块
约2厘米长的不规则方块，常在制作高汤、沙司或烤大块肉类时用，如制作鸡骨高汤和褐色牛骨汤、烧烤牛肉等。

大丁
约1.5厘米的正方块，通常用于制作高汤、沙司或烤小块家禽肉，如做肉汁、烤鸡、烧烤猪排等。

较大丁
约1厘米的正方块，通常用作主菜的配饰或做沙拉、沙司时使用，如做什锦蔬菜或华尔道夫沙拉苹果、沙拉芹菜等。

中丁
约0.6厘米的正方块，通常用作主菜的配饰或调馅、做沙司时用。

小丁
约0.3厘米的正方块，通常用作主菜的装饰或调馅、做沙司时用。

从块到丁(左至右)

1. 块

2. 大丁

3. 较大丁

4. 中丁

5. 小丁

丁片

约1.5厘米的正方块切成6片，通常用在各式蔬菜汤中做配菜。

丝

切成厚度约0.1～0.2厘米，长度约5厘米的细条。通常用于做酱汁或汤的配饰等。

碎末

先切成片状，再切成丝，然后再切成碎末状，通常用来做酱汁、炒蔬菜或做配饰等。

火柴棒

切小丁之前的长条，可制作腌渍泡菜。

蔬菜切割应用

蒜苗切片

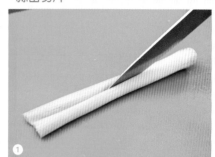

1 纵向对半剖开。

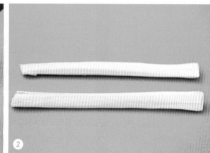

2 剖开图。

3 切片。

卷心菜切丁

1 先压平，切成大片。

2 顺着边切条。

3 切丁。

洋葱末的切法

1 先对半切，再纵切，留约1/5不要切断。

2 将切成片的洋葱稍稍按紧，使其不要散开。

3 切碎。

马铃薯切片

1 对半切开。

2 切薄片。

番茄去皮取肉去籽

1 削皮。

2 去皮后，将头尾切去，用平刀沿着番茄外层与内层果肉之间切下，取果肉。

3 取果肉后，即可去籽。

橄榄形切法

1 切成如图的柱体。

2 握刀的方法如图。

3 拇指顶在胡萝卜一头，从另一头三角的一角先削。

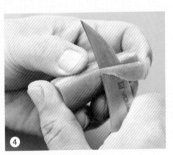

4 从外削到内，把三个角削成圆弧形。

5 削下来的形状。

6 图从右开始削至最左边完成。

7 完成图。

Chapter 4

西餐烹饪技法
COOKING TECHNIQUES

西餐烹饪，不仅要有方法和技巧，也要有艺术性。

水煮、汆烫、焖煮、炖煮、烧烤等各种烹调技法，能让菜肴色香味俱全，让人有味觉、嗅觉和视觉多重满足的幸福感受。

烹饪技巧是西餐初学者必须认识的重要细节，如果能完全了解并加以运用，打好烹饪基础，对于实际操作会有相当大的帮助。

汆烫 BLANCHING

将食材用很短的时间在滚水中烫一下(水的温度约100℃)，捞出后马上浸入冷水中冷却，准备炒或烩。大部分蔬菜很适合汆烫。汆烫能保持食物色泽，汆烫时加入少许盐，还可防止养分流失，也能保留蔬菜的矿物质与维生素。

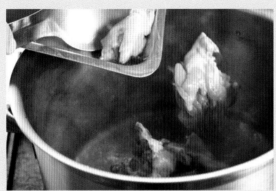

水煮 BOILING

有效率，又不会使食材严重变色的烹调方式。水煮食物的方法是待水滚后再放食材。水煮方式有三种：小火慢煮是将水温控制在85~100℃，适用于鱼肉与蔬菜类；中火煮是将温度控制在95℃左右时，把食材放入烹调；大火煮是用滚水或高汤将食物烹煮到熟或软烂，温度达到100℃时放入食材，熬煮一定的时间。

蒸 STEAMING

在烹调中使用很频繁，常用于烹调鱼类、蔬菜、点心，可保持食物的原味，相当符合现代人的需求。

煎或炒 SAUTEED OR PAN FRYING

煎： 将食材放在热油中，两面煎上色后，放入烤箱。烹调出的食物口感比较鲜嫩。

小贴士：
通常肉都是厚片，所以不易煎熟，需要烘烤来辅助。

炒： 在平锅中加少许油，一般将材料切成片或丝状，然后在热油中翻动。

油炸 DEEP-FRYING

将食材放进高温的油内，最佳油温为160~180℃。测试油温的方法是：在冷油中放入洋葱片，等待炸到金黄时油温差不多即为160~180℃。

❶ (冷油)

❷ (放入洋葱片)

❸ (油热)

❹ (炸至金黄)

❺ (油温达到标准)

小贴士：
油炸时的注意事项

1 使用的油量，不要超过油锅容量的1/2。

2 食材要弄干后再炸，避免热油喷溅。

3 将食材放进油锅时，动作要轻，避免热油飞溅。

4 油炸食物时，一次不要放太多，才能维持原本温度。

5 将食物从热油中取出时，要以滤网或油炸篮捞起。

焖煮与炖煮 BRAISING AND STEWING

这两种烹调方式，适合用于质地较坚硬的肉块和多纤维的蔬菜。焖煮与炖煮，技巧几乎相同，主要差别是焖煮使用汤水较少，煮的是较大的肉块；炖煮使用汤水较多，煮的是小块的肉。

烩煮 STEWING

烩与焖的方式略同，差别在于温度控制与材料的大小。通常是将肉切成小块，将蔬菜、水果或果酱倒入烩锅中用中小火煮，温度控制在110~140℃。

烧烤 ROASTING

烧烤通常用炭火或烤箱来操作。以烤箱为例，烧烤前，食材先煎上色，同时烤箱要先预热，开始时将烤箱温度调至175~230℃，要完成时调为135~195℃。

① (先煎)　② (上色)　③ (取出)　④ (入烤箱)　⑤ (完成)

炭烤 CHARCOAL GRILLING

炭烤和传统烧烤都是靠燃烧木材或木炭，经烤炉的铁架传热来烹调食材的方式，烤好的食物上常会有铁条架的印痕。

小贴士：炭烤时食材要放少许油，温度控制在220~320℃。

馅料 STUFFING

肉类可与多种蔬菜结合制成馅料。若能先填入咸味的馅料，再进行烹饪，更具特色。肉浆、鱼浆与蔬菜等一起混合搅拌均匀作为馅料，欲填馅的肉品从中间戳一个洞，将馅料塞入。

❶ (戳洞)

❷ (塞入馅料)

❸ (完成填馅)

肉类软化处理 SOFTEDING

许多肉类切块，必须先软化，再烹调。最常用的方式有两种：一种是将肉浸泡在腌酱里，不但增添风味，还有保湿作用；另一种软化方式是将新鲜木瓜放在肉块上一起腌渍，取木瓜皮、洋葱、西芹、胡萝卜切小片铺在肉上搓揉一下（增加风味），猪肉大约需15分钟，牛羊肉（较硬的肉）大约需30分钟，也可再加少许沙拉油。

此外，也可用力敲打肉块来破坏肉里的肌束以软化肉质。

❶ (取木瓜皮)

❷ (切小片)

❸ (放在肉上腌渍)

基本慕斯做法(禽畜肉类、淡水鱼类、海鲜类)
BASIC FORCEMEAT MOUSSE(MEAT、FISH、SEAFOOD)

基本材料：鲜鱼200克、鲜奶油 60毫克、蛋白 1个、胡椒盐2茶匙*、白葡萄酒40毫克

做　　法：将鱼肉切丁，加鲜奶油、白葡萄酒、胡椒盐、蛋白，用食物调理机一起打成泥状。打好鱼浆用细网过滤，将鱼肉筋去除，过筛后口感会较细腻。

❶ (备料)

❷ (打浆过滤)

*茶匙是烹调中常用的容量单位，通常定义的标准是1茶匙=5毫升。

Chapter 5

基本高汤制作
BASIC SOUP STOCKS

西式料理中，最基本也最讲究的就是高汤了。不同的料理使用不同食材、不同手法来熬煮高汤。制作高汤是烹调菜肴的关键，成功的高汤不但不会干扰食材原味，还能提升食材的美味。因此，味鲜色美的高汤可协助厨房新手做出一道道令人食指大动的佳肴。

蔬菜高汤
Vegetable Soup Stock

材料:

饮用水3升 WATER	番茄60克 TOMATO
洋葱240克 ONION	百里香5克 THYME
西芹210克 CELERY	月桂叶3片 BAY LEAF
胡萝卜150克 CARROT	荷兰芹梗2支 PARSLEY STICK
青蒜80克 LEEK	白胡椒粒5克 WHITE PEPPERCORN
洋菇80克 BUTTON MUSHROOM	盐3克 SALT

做法:

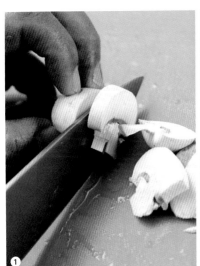

❶

❷

❸

1 将洋葱、西芹、胡萝卜、青蒜、洋菇、番茄洗净,切成大丁,荷兰芹梗切段。饮用水、百里香、月桂叶、盐、白胡椒粒备用。

2 取一口锅,将水及所有蔬菜与香料一起放入,拌匀。开大火,煮滚后转中小火,再煮50～60分钟。随时将多余的杂质清除。

3 用筛网将汤过滤即可。

鸡骨高汤
Chicken Soup Stock

材料:

鸡骨1.5千克
CHICKEN BONE

饮用水3升
WATER

洋葱160克
ONION

西芹80克
CELERY

胡萝卜80克
CARROT

蒜白30克
LEEK WHITE

百里香5克
THYME

荷兰芹梗2支
PARSLEY STICK

月桂叶3片
BAY LEAF

丁香3粒
CLOVE

白胡椒粒3克
WHITE PEPPERCORN

盐3克
SALT

做法:

1 将鸡骨剁成6厘米的小段后洗净，洋葱、西芹、胡萝卜、蒜白切大丁。

2 取一口汤锅，放入水煮滚，将鸡骨放入氽烫，去血水、杂质后取出洗净。

3 将骨头放入汤锅中，将水与所有蔬菜、香料加入。水须盖过骨头。

4 先大火煮滚，再以中小火慢煮100分钟，并随时将多余的油去除。

5 将熬好的高汤用细过滤网过滤即可。

鱼骨高汤
Fish Soup Stock

材料:

鱼骨1.5千克
FISH BONE

饮用水3升
WATER

洋葱160克
ONION

西芹80克
CELERY

蒜白60克
LEEK WHITE

百里香3克
THYME

荷兰芹梗2支
PARSLEY STICK

月桂叶3片
BAY LEAF

丁香1粒
CLOVE

白胡椒粒3克
WHITE PEPPERCORN

白葡萄酒80毫升
WHITE WINE

盐3克
SALT

做法:

1 将鱼骨（油脂少的鱼为佳，如石斑鱼、鲈鱼）切成6厘米的小段，用水洗干净，用热水汆烫后，将污水去除。（汆烫的时间比鸡骨、牛骨短，只需汆烫表面让血水凝固，以便不影响汤汁颜色。）

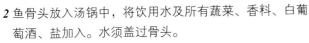

2 鱼骨头放入汤锅中，将饮用水及所有蔬菜、香料、白葡萄酒、盐加入。水须盖过骨头。

3 以大火煮滚，再改成小火煮50～60分钟。随时将多余的油去除。

4 用筛网将汤过滤即可，需注意鱼骨不能压碎。

小牛骨白色高汤
Veal White Soup Stock

材料：

小牛骨1.5千克
VEAL BONE

饮用水10升
WATER

洋葱160克
ONION

西芹80克
CELERY

胡萝卜80克
CARROT

青蒜30克
LEEK

百里香5克
THYME

荷兰芹梗2支
PARSLEY STICK

月桂叶3片
BAY LEAF

丁香2克
CLOVE

白胡椒粒3克
WHITE PEPPERCORN

盐3克
SALT

做法：

1 将小牛骨切成6～10厘米的小段，用水洗干净。将西芹、胡萝卜、青蒜切成大丁。

2 小牛骨用热水汆烫约3分钟，去杂质。

3 骨头放入汤锅中，将饮用水及所有蔬菜大丁、香料、盐加入，先以大火煮滚，再用小火慢煮6～8小时，并随时将多余的油去除。

4 用筛网将汤过滤即可。

小牛骨褐色高汤
Veal Brown Soup Stock

材料:

牛骨5千克 BOVINE BONE	百里香3克 THYME
小牛骨高汤8升 VEAL SOUP STOCK	荷兰芹梗2支 PARSLEY STICK
饮用水10升 WATER	月桂叶3片 BAY LEAF
洋葱250克 ONION	丁香2克 CLOVE
西芹160克 CELERY	黑胡椒粒3克 BLCK PEPPERCORN
胡萝卜160克 CARROT	盐3克 SALT
青蒜80克 LEEK	番茄酱100克 TOMATO PASTE
	橄榄油少许 OLIVE OIL

做法:

1 将牛骨切成6～10厘米的小段，洋葱切2片圆厚片与小丁。西芹、胡萝卜、青蒜切大丁，荷兰芹梗切段。饮用水、百里香、月桂叶、丁香、盐备用。

2 取一个烤盘，用洋葱、西芹、胡萝卜、青蒜铺底，将牛骨和番茄酱放在上面。烤箱预热至180℃，放入烤箱中约烤30分钟，至骨头呈褐色。

3 锅中放少许油，油热后把洋葱圆厚片煎成焦黄色（增加汤汁风味），与做法2烤好的材料一起放入锅内。

4 将荷兰芹梗、百里香、月桂叶、丁香、黑胡椒粒放入做法2烤过的食材中，加上做法3的洋葱片，再加入小牛骨高汤、饮用水、盐，一起搅拌均匀。

5 将所有材料搅拌均匀，以大火熬煮至滚，转成中小火，熬煮8～12小时，煮至骨髓与牛筋溶解。

6 将熬好的高汤以粗筛网过滤即可。

鲜虾浓汤
Shrimp Bisque

材料：

鱼骨高汤2升
FISH SOUP STOCK

饮用水1升
WATER

打碎的小虾头2千克
CRUSHED SHRIMPS HEAD

胡萝卜丁120克
DICED CARROT

洋葱丁200克
DICED ONION

西芹丁100克
DICED CELERY

青蒜段100克
LEEK

番茄酱120克
TOMATO PASTE

白葡萄酒200毫升
WHITE WINE

百里香3克
THYME

月桂叶3片
BAY LEAF

罗勒10克
BASIL

黑胡椒粒5克
BLACK PEPPERCORN

压碎的大蒜10克
CRUSHED GARLIC

沙拉油90克
SALAD OIL(也可用一半奶油一半沙拉油)

做法：

1 烤箱预热至180℃，虾头烤约20分钟上色。

2 将沙拉油放入锅中加热，放入洋葱、大蒜先炒香，再把其他蔬菜放入，约炒2分钟。

3 加入百里香、月桂叶等香料，倒入烤好的虾头与番茄酱，拌炒均匀。

4 加上白葡萄酒、饮用水、鱼骨高汤，以大火煮滚，再以小火煮约50分钟。

5 捞出所有材料，用调理机打碎，再倒回汤里以小火煮滚，用细网过滤即可。

小贴士：

此配方也可以用龙虾头或其他适宜的甲壳类海鲜来制作。

鸡肉清汤
Chicken Consommé

材料：

全鸡800克 CHICKEN	胡萝卜100克 CARROT	蛋白3个 EGG WHITE	丁香3粒 CLOVE	盐3克 SALT
洋葱200克 ONION	青蒜80克 LEEK	百里香3克 THYME	黑胡椒粒2克 BLACK PEPPERCORN	
西芹100克 CELERY	荷兰芹梗10克 PARSLEY STICK	月桂叶3片 BAY LEAF	鸡骨高汤3升 CHICKEN SOUP STOCK	

做法：

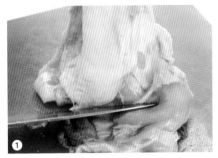

1 将鸡洗净，去骨、皮后取肉。

2 鸡肉切2厘米宽的条后再切小碎丁。

3 洋葱切2片圆厚片，剩下的洋葱、西芹、胡萝卜、青蒜、荷兰芹梗切碎。

4 取一个钢盆，放入鸡肉末，与所有蔬菜、香料、蛋白、盐一起拌均匀。蛋白有吸附杂质的作用。

5 取一口汤锅，放入鸡骨高汤及做法4的材料，一起搅拌均匀。开中火，煮至沸腾，随时搅拌均匀至呈现泡沫，等汤上有凝固物浮出，就可改小火慢煮2～3小时。(一定要先拌匀后才能开火煮，鸡汤煮滚前可以一直搅拌，滚后凝固物浮出来就不能再搅拌了。)

6 将洋葱圆厚片煎成焦黄色，待汤煮至表面凝结时，先从表面拨一个小洞，再把洋葱放入。

7 稍微调小火，继续煮2～3小时，煮时不可再搅拌，也不可再把汤煮滚(控制在稍微冒泡的状态)。

8 纱布铺两层放在筛网上过滤清汤。

9 清汤过滤后，把浮油渣捞起(不可有油)。

79

牛肉清汤
Beef Consommé

材料:

牛臀肉1千克
RUMP

青蒜100克
LEEK

蛋白4个
EGG WHITE

黑胡椒粒2克
BLACK PEPPERCORN

洋葱250克
ONION

番茄10克
TOMATO

百里香3克
THYME

小牛骨高汤3升
VEAL SOUP STOCK

西芹120克
CELERY

荷兰芹梗10克
PARSLEY STICK

迷迭香2克
ROSEMARY

盐3克
SALT

胡萝卜120克
CARROT

月桂叶3片
BAY LEAF

丁香3粒
CLOVE

做法:

1 将牛肉剁碎(搅拌碎亦可)。

2 洋葱切2片圆厚片,剩下的洋葱、西芹、胡萝卜、青蒜、番茄、荷兰芹梗分别切碎。

4 取一口汤锅,放入备好的小牛骨高汤及做法3的材料,一起搅拌均匀。开中小火煮,随时搅拌均匀至呈现泡沫,等汤上有凝固物浮出,就可以改小火慢煮。

3 取一个钢盆,放入牛肉末,与所有蔬菜、香料、蛋白、盐一起拌均匀。(肉搅拌时可放一些冰块,避免蛋白无法充分吸附杂质。)

5 将洋葱圆厚片煎成焦黄色,放入锅内。

6 稍微调小火,继续煮2~3小时,煮时不可再搅拌,也不可再把汤煮滚(控制在稍微冒泡状态)。

7 纱布铺两层放在筛网上过滤清汤。

8 清汤过滤后,把浮油渣捞起(不可有油)。也可以先将煮好的清汤放入冰箱,冰过之后油会浮起,较容易捞除。

Chapter 6

基本酱汁制作
BASIC SAUCE PRODUCTION

基本酱汁也称母酱汁，可衍生出很多子酱汁。本章节详细介绍了番茄酱汁、牛肉原浓汁等的做法。酱汁对于西餐的调味，具有相当重要的作用，甚至可以决定菜肴好吃与否。只要酱汁制作得好，必定给料理大大加分。

常用酱汁
SAUCE

酱汁可以说是西餐的灵魂。以肉类熬煮而成的汁液或高汤，加上其他佐料，调配成各种基本酱汁，可用来提升味道或弥补食物味道的不足。

小牛骨褐色酱汁
Veal Brown Sauce

材料：

小牛骨褐色高汤600毫升
VEAL BROWN SOUP STOCK

澄清奶油30克
CLARIFIED BUTTER

高筋面粉45克
BREAD FLOUR

盐5克
SALT

做法：

❶(熔油) ❶(倒入)

❶(搅拌)

❷

❸

1 将面粉加入澄清奶油（做法见P101）中拌炒均匀，不可炒焦，建议火不要太大。

2 加入冷的小牛骨褐色高汤，用小火慢煮至浓稠状。

3 同时用打蛋器不停地搅拌均匀，避免煳锅。

小贴士：

1 不要让面粉结球，炒至散开有香气即可使用。
2 此酱汁可用来制作黑胡椒酱料或野菇酱料。

结球状

散开状

番茄酱汁
Tomato Sauce

材料：

橄榄油35毫升
OLIVE OIL

大蒜末10克
CHOPPED GARLIC

百里香0.5克
THYME

月桂叶1片
BAY LEAF

奥勒冈1克
OREGANO

高筋面粉10克
BREAD FLOUR

罐装番茄200克
CANNED TOMATO

白色高汤3升
WHITE SOUP STOCK

白胡椒盐适量
SALT & WHITE PEPPER

西芹25克
CELERY

洋葱50克
ONION

胡萝卜25克
CARROT

做法：

❷

❸

❺

❼

1 将调味蔬菜（西芹、洋葱、胡萝卜）切成碎末，番茄可以用果汁机榨成糊。

2 用橄榄油将大蒜末、洋葱末、香料炒香。

3 加入蔬菜末。

4 加入面粉拌炒均匀，并炒至浓稠状。

5 加入番茄酱，边炒边搅拌。

6 加入白色高汤搅拌均匀，煮滚后再以小火煮50分钟。

7 将胡椒盐加入，再煮5分钟即可起锅。

小贴士：

1 番茄建议选用意大利阿波罗番茄，也可用小番茄（圣女果），这类番茄有一种独特的鲜甜味，很适合做番茄酱汁。

2 白胡椒盐可以自制，在白胡椒粉中加入盐，比例约为13：1，调和均匀即可。

牛骨原浓汁
Bovine Bone Gravy

材料:

牛骨3千克 BOVINE BONE	洋葱350克 ONION	番茄酱120克 TOMATO PASTE	丁香2克 CLOVE	奶油30克 BUTTER
牛肉筋1千克 BEEF TENDON	西芹120克 CELERY	百里香5克 THYME	黑胡椒粒3克 BLACK PEPPERCORN	饮用水适量 WATER
小牛骨褐色高汤15升 VEAL BROWN STOCK	胡萝卜120克 CARROT	荷兰芹梗2支 PARSLEY STICK	红葡萄酒300毫升 RED WINE	
红葱头20克 SHALLOT	青蒜60克 LEEK	月桂叶3片 BAY LEAF	盐3克 SALT	

做法:

1 将牛骨锯成 6～10厘米的小段,洋葱切2片圆厚片与大丁。红葱头切片,西芹、胡萝卜、青蒜切大丁,荷兰芹梗切段。小牛骨褐色高汤、百里香、月桂叶、丁香、黑胡椒粒、红葡萄酒、盐备用。

2 取一个烤盘,将牛骨与牛肉筋烤成褐色。

3 取一口平底锅,放入奶油,加入红葱头炒香,加入洋葱炒软后,依次加入百里香、月桂叶、丁香、西芹、胡萝卜、青蒜、荷兰芹梗,炒软后,加入番茄酱一起拌炒均匀。

4 取一口锅,添水加热后,放入烤上色的牛骨和牛肉筋,加入红葡萄酒,开大火,将酒精味道去除。(过程中需搅拌。)

5 将做法3炒好的材料与做法4烤好的牛骨材料放在一起,再放入小牛骨褐色高汤一起拌匀,使牛骨和牛肉筋充分吸收炒料的香味。

6 大火煮滚后改小火,煮12小时。

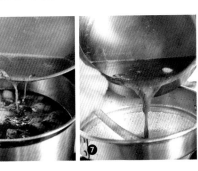

7 将熬好的高汤以筛网过滤即可。

小贴士:

1 番茄酱炒过以后不涩且香味更浓。

2 牛肉原浓汁也可续煮16小时,可根据需要加入高汤。

鸡骨白色酱汁
Chicken White Sauce

材料：

澄清奶油30克
CLARIFIED BUTTER

高筋面粉45克
BREAD FLOUR

鸡骨高汤500毫升
CHICKEN SOUP STOCK

盐5克
SALT

做法：

① (熔油)

① (倒入)

① (搅拌)

1 将面粉加入澄清奶油中拌炒均匀， 不可炒焦，建议小火。面粉要炒散。

②

2 加入温热的鸡骨高汤搅拌均匀，用小火慢煮。

3 同时用打蛋器不停地搅拌。

4 约煮20分钟，如果太过浓稠，可加些高汤直到所需浓度。

小贴士：

此酱汁是母酱汁的一种，是用油糊与鸡骨高汤调制而成的， 若再配以其他材料，可衍生出各式各样的子酱汁。

93

鸡骨原浓汁
Chicken Gravy

材料:

鸡骨2斤
CHICKEN BONE

鸡骨高汤3升
CHICKEN SOUP STOCK

饮用水1升
WATER

洋葱250克
ONION

西芹160克
CELERY

胡萝卜160克
CARROT

青蒜60克
LEEK

百里香1.5克
THYME

荷兰芹梗2支
PARSLEY STICK

月桂叶3片
BAY LEAF

丁香2克
CLOVE

番茄酱80克
TOMATO PASTE

红葡萄酒200毫升
RED WINE

黑胡椒粒2克
BLACK PEPPERCORN

盐3克
SALT

做法：

1 将鸡骨剁成6厘米的小段洗净，洋葱切2片圆厚片与大丁。西芹、胡萝卜、青蒜切大丁，荷兰芹梗切段。鸡骨高汤、水、百里香、月桂叶、丁香、番茄酱、红葡萄酒、盐备用。

2 取一个烤盘，用洋葱、西芹、胡萝卜、青蒜铺底，将鸡骨头放在上面。将番茄酱抹在切好的蔬菜丁上，再加入香料，放入180℃烤箱，烤至骨头呈褐色(预热后，约烤30分钟)。

3 取一口锅放入鸡骨高汤，把做法2烤好的食材倒入。

4 将洋葱圆厚片煎成焦黄色，也放入锅内。

5 取红葡萄酒，倒入做法2的烤盘中(烤好的材料已经取出)，放在灶台上以大火燃烧(燃烧中需搅拌)，将酒精味道去除。把余汁倒入做法3的汤锅中。

6 在鸡骨高汤中倒入饮用水，再加盐一起搅拌均匀。

7 将所有材料拌均匀，以大火熬煮至滚。转中小火，熬煮2～3小时至软烂，使鸡骨与肉分离。

8 将熬好的鸡骨高汤以筛网过滤即可。

基本沙拉酱汁
BASIC SALAD DRESSING

基本沙拉酱汁的用途多样，可以当佐料搭配生菜，也可涂抹面包，或者拌面、拌米饭，都很开胃。

美乃滋
Mayonnaise

材料：

蛋黄3个
EGG YOLK

白葡萄酒醋60毫升
WHITE WINE VINEGAR

胡椒盐8克
SALT & PEPPER

沙拉油1升
SALAD OIL

芥末酱30克
MUSTARD

柠檬汁30毫升
LEMON JUICE

做法：

1 取一个钢盆，放入蛋黄、胡椒盐、芥末酱、白葡萄酒醋。

2 将上述材料，以打蛋器快速搅拌至膨发，速度要快，便于各种成分充分融合。（打出的颜色应稍微偏白。）

3 膨发后，缓缓加入沙拉油，同时搅拌，速度不能太快，搅拌至膨发完全。

4 膨发完全后，加入柠檬汁。

小贴士：

可以用橄榄油取代沙拉油来制作美乃滋。

荷兰美乃滋
Dutch Mayonnaise

材料：

白葡萄酒60毫升
WHITE WINE

蛋黄2个
EGG YOLK

温水20克
WARM WATER

柠檬汁20毫升
LEMON JUICE

澄清奶油200克
CLARIFIED BUTTER

胡椒盐适量
SALT & PEPPER

做法：

   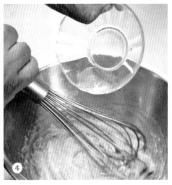

1 取一口沙司锅，将白葡萄酒、柠檬汁、胡椒盐熬煮至一半，冷却备用。

2 将备好的2个蛋黄放于不锈钢盆中，加入做法1的浓缩汁液，用打蛋器搅拌至有泡沫为止。

3 隔水加热打发。从炉上移开，再慢慢加入澄清奶油。

4 不停地搅拌，直到凝固。完成后加温水混合均匀。

小贴士：

1 完成后的酱料最好在3小时内使用完毕。

2 不能放入冰箱里冷藏，以免凝固变硬后无法使用。

3 此酱料常加在龙虾、牛排、芦笋上一起焗烤。

澄清奶油做法：

1 将无盐奶油切成小块放入锅中熔化。

2 煮至奶脂蒸发掉。

3 将奶油过滤，澄清奶油完成。可在炒菜、煎肉时用来调味。

千岛沙拉酱
Thousand Island Dressing

材料:

美乃滋1千克
MAYONNAISE

洋葱100克
ONION

酸黄瓜30克
PICKLED CUCUMBER

荷兰芹20克
PARSLEY

煮熟的蛋3个
BOILED EEG

番茄酱250克
TOMATO PASTE

塔巴斯科辣酱2茶匙
TABASCO

辣酱油2茶匙
WORCESTERSHIRE SAUCE

牛奶60毫升
MILK

做法:

1 将洋葱洗净,酸黄瓜、
荷兰芹、煮熟的蛋分别
切碎。

2 取一个钢盆,加入美乃滋,再将
做法1的材料依序放入。

3 依序放入番茄酱、塔巴斯科辣
酱、辣酱油后,一起搅拌均匀。

4 最后缓缓加入牛奶,使
酱汁浓稠适中。

小贴士:

可加入红甜椒或黄甜椒碎末,口感也相当不错。

塔塔酱汁
Tartar Sauce

材料:

美乃滋600克
MAYONNAISE

鸡蛋2个
EGG

酸黄瓜50克
PICKLED CUCUMBER

洋葱80克
ONION

荷兰芹10克
PARSLEY

柠檬汁25毫升
LEMON JUICE

胡椒盐适量
SALT & PEPPER

辣酱油适量
WORCESTERSHIRE SAUCE

做法:

1 将鸡蛋煮熟切碎。

2 洋葱、荷兰芹洗净后,和酸黄瓜分别切碎备用。

3 取一个钢盆,将所有材料放入,混合搅拌即可。

蛋的切法:

1 先切片。

2 再切条。

3 最后切碎。

酸黄瓜的切法:

1 先切片。

2 再切条。

3 最后切碎。

小贴士:

1 在做好的塔塔酱汁中加入一些匈牙利红椒粉拌均匀,颜色会更好看。

2 塔塔酱汁通常用于搭配猪排、淡水鱼及海鲜。

法式沙拉酱
French Salad Dressing

材料：

蛋黄3个
EGG YOLK

第戎芥末酱80克
DIJON MUSTARD

胡椒盐2茶匙
SALT & PEPPER

白葡萄酒醋60克
WHITE WINE VINEGAR

大蒜10克
GARLIC

橄榄油1升
OLIVE OIL

辣酱油2茶匙
WORCESTERSHIRE SAUCE

柠檬汁30毫升
LEMON JUICE

鸡骨高汤200毫升
CHICKEN SOUP STOCK

做法：

1 将大蒜剁成泥状。

2 取一个钢盆，放入蛋黄、第戎芥末酱、胡椒盐、白葡萄酒醋、蒜泥、柠檬汁。

3 用打蛋器将上述材料打至膨发(不断搅拌)，比美乃滋稍微稀一点。

4 打至膨发后，缓缓加入橄榄油、鸡骨高汤、辣酱油，一起搅拌均匀。

意大利油醋汁
Italian Vinaigrette

材料:

红葱头30克
SHALLOT

大蒜8克
GARLIC

酸黄瓜20克
PICKLED CUCUMBER

红辣椒8克
RED CHILI

荷兰芹10克
PARSLEY

粗黑胡椒粉1/3茶匙
BLACK CRUSHED PEPPER

胡椒盐2茶匙
SALT & PEPPER

红葡萄酒醋100毫升
RED WINE VINEGAR

橄榄油250毫升
OLIVE OIL

做法:

1 将红葱头、大蒜、酸黄瓜、去籽的红辣椒、荷兰芹分别切碎。

2 取一个钢盆，放入切碎的材料，再放入粗黑胡椒粉、胡椒盐、红葡萄酒醋。

3 用打蛋器将上述材料打均匀(不断搅拌)。

4 再缓缓加入橄榄油，搅拌均匀且呈浓稠状即可。

辣椒去籽:

1 对半切。

2 用刀尖刮去籽。

蓝纹起司沙拉酱
Blue Cheese Salad Dressing

材料：

蓝纹起司100克
BLUE CHEESE

酸奶油50克
SOUR CREAM

胡椒盐1茶匙
SALT & PEPPER

大蒜泥1茶匙
GARLIC

粗黑胡椒粉1/3茶匙
CRUSHED BLACK PEPPER

柠檬汁15毫升
LEMON JUICE

白葡萄酒醋30毫升
WHITE WINE VINEGAR

鲜奶油300毫升
CREAM U.H.T

鸡骨高汤100毫升
CHICKEN SOUP STOCK

做法：

1 将蓝纹起司磨成泥状。

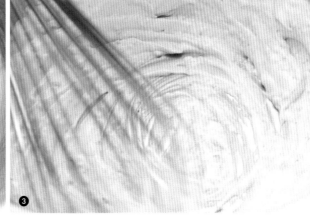

2 取一个钢盆，放入大蒜泥、蓝纹起司泥、酸奶油、胡椒盐、粗黑胡椒粉、柠檬汁、白葡萄酒醋。

3 用打蛋器将上述材料搅拌均匀。

4 再缓缓加入鲜奶油、鸡骨高汤，一起搅拌均匀，浓稠度适中即可。

凯撒沙拉酱
Caesar Salad Dressing

材料:

鸡蛋2个 EGG	鳀鱼肉4片 ANCHOVY	胡椒盐适量 SALT & PEPPER	辣酱油适量 WORCESTERSHIRE SAUCE
柠檬汁1大匙 LEMON JUICE	大蒜泥10克 GARLIC	第戎芥末酱30克 DIJON MUSTARD	
橄榄油350毫升 OLIVE OIL	帕玛森起司粉2大匙 PARMESAN CHEESE	塔巴斯科辣酱适量 TABASCO	

做法:

1 生鸡蛋取蛋黄，加入柠檬汁、第戎芥末酱、磨碎的鳀鱼肉片、胡椒盐、 大蒜泥，用打蛋器搅拌（比法式酱稍硬，比美乃滋稍软）。

2 慢慢倒入橄榄油，不断搅拌至膨发。

3 再加入塔巴斯科辣酱、辣酱油、 帕玛森起司粉，充分混合后即完成酱汁。

小贴士:

帕玛森起司是意大利最有名的起司，从牛奶中提炼，通常做成大圆桶状，搅碎后使用。

Chapter 7

精选食谱
SELECTED RECIPE

从食材、工具到技法，了解烹饪的基本知识后，接下来就要大显身手了。
开胃菜、汤品、三明治、沙拉、主菜、甜点，一次让你学会三十三道菜。

开胃菜
APPETIZER

西餐中第一大类菜肴，味道清爽，通常有酸味或咸味，因有开胃功能而被称为开胃菜。

鸡肉卷佐覆盆子酱汁
Chicken Roulade with Raspberry Sauce

鸡肉卷材料：

鸡胸肉300克
CHICKEN BREAST

白葡萄酒15毫升
WHITE WINE

胡椒盐适量
SALT & PEPPER

澄清奶油30毫升
CLARIFIED BUTTER

菠菜叶4片
COOKED SPINACH

胡萝卜细条50克
CARROT

青蒜细条30克
LEEK

西芹细条50克
CELERY

覆盆子酱汁材料：

奶油10克
BUTTER

红葱头末30克
SHALLOT CHOPPED

鸡骨原浓汁250毫升
CHICKEN GRAVY

覆盆子30克
RASPBERRY

波特酒30毫升
PORT WINE

胡椒盐适量
SALT & PEPPER

做法：

1 鸡胸肉切蝴蝶刀，以白葡萄酒、胡椒盐腌渍。

2 在热锅中放入奶油、胡萝卜细条、青蒜细条、西芹细条炒至软熟。

3 将菠菜叶汆烫熟，用菠菜叶卷起做法2中的蔬菜，放在鸡胸肉上并卷起。

4 用竹签将肉卷固定。

5 用澄清奶油将肉卷表面煎上色，先从肉卷的缝隙煎起。

6 烤箱预热至180℃，将肉卷放入烤箱烤6～8分钟至熟（时间依肉的厚薄而定），再切片。

7 取一口锅，用澄清奶油将红葱头末爆香，倒入波特酒，用热量将酒味蒸发。

8 加入鸡骨原浓汁调味，煮至浓缩后以细筛网过滤，去除红葱头。

9 再放入覆盆子一起煮至味道充分融合，以胡椒盐调味。

10 将鸡肉卷片铺于盘中，淋上做法9的覆盆子酱汁即可。

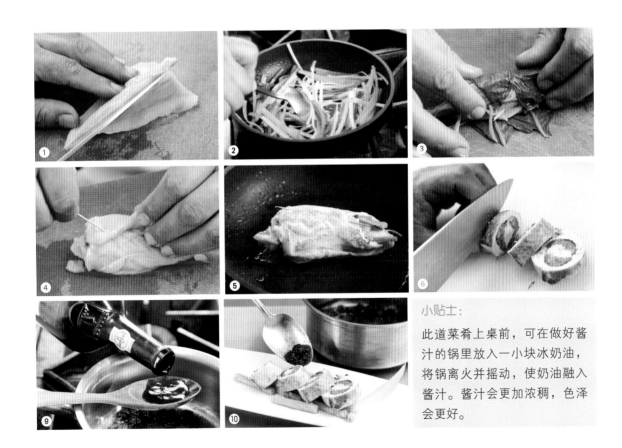

小贴士：

此道菜肴上桌前，可在做好酱汁的锅里放入一小块冰奶油，将锅离火并摇动，使奶油融入酱汁。酱汁会更加浓稠，色泽会更好。

119

鲜鱼慕斯佐蓝莓优格酱汁
Fish Mousse with Blueberry Yogurt Sauce

鱼浆材料：

鲜鱼肉200克
FRESH FISH

鲜奶油60毫升
CREAM U.H.T

蛋白35毫升
EGG WHITE

胡椒盐2茶匙
SALT & PEPPER

白葡萄酒20毫升
WHITE WINE

鱼馅材料：

鱼慕斯220克
FISH MOUSSE

郁金根粉适量
TURMERIC

熟鲜虾2尾（切丁）
COOKED SHRIMP

鱼卷材料：

鲜鱼肉1片
FRESH FISH

海苔1片
NORI

蓝莓优格酱适量
BLUEBERRY YOGURT SAUCE

做法：

1 鱼浆做法：将鱼肉切丁，加鲜奶油、白葡萄酒、胡椒盐、蛋白，用食物调理机一起打成泥状。

2 打好的鱼浆以细筛网过滤，将鱼肉筋去除，过筛后口感会较细腻。

3 鱼馅做法：取打好的鱼浆50克(其余的鱼浆备用)，加上郁金根粉、鲜虾丁一起拌匀，作为馅料。

4 鱼卷做法：取海苔片对半切，抹上一层鱼浆，把馅料放上卷起。

5 取一片鲜鱼肉，抹上鱼浆。

6 将做法4的鱼卷放在鱼片上卷起，用保鲜膜包起来。

7 将鱼卷放入蒸笼以中火蒸约12分钟，蒸好的鱼卷放入冰箱冰约2小时，至鱼肉呈现冰冷状态。

8 将鱼卷从冰箱取出后切片摆盘并淋上酱汁即可。

蓝莓优格酱做法：

做法：

1 将制作蓝莓酱的所有材料倒入锅中，煮至浓缩成酱，冷却备用。

2 再把优格乳与美乃滋拌匀，然后加入胡椒盐搅拌。

3 把做法2的材料倒入做好的蓝莓酱中，再加入柠檬汁搅拌一下即可。

蓝莓酱材料：

糖10克
SUGAR

白兰地酒1.5茶匙
BRANDY

蓝莓150克
BLUEBERRY

饮用水60毫升
WATER

蓝莓优格酱材料：

蓝莓酱30克
BLUEBERRY JAM

优格乳30克
YOGURT

美乃滋20克
MAYONNAISE

柠檬汁8毫升
LEMON JUICE

胡椒盐适量
SALT & PEPPER

鲑鱼派
Salmon Pie

鲑鱼馅材料：

鲑鱼300克
SALMON

橄榄油30毫升
OLIVE OIL

卷心菜180克
CABBAGE

荷兰芹（切碎）5克
CHOPPED PARSLEY

茴香末60克
CHOPPED DILL

蘑菇80克
MUSHROOM

洋葱末10克
CHOPPED ONION

酸奶油125克
SOUR CREAM

胡椒盐适量
SALT & PEPPER

白葡萄酒适量
WHITE WINE

面团材料：

高筋面粉430克
BREAD FLOUR

无盐奶油185克
UNSALTED BUTTER

盐1小匙
SALT

柠檬汁5毫升
LEMON JUICE

冰水50毫升
ICE WATER

泡打粉5克
BAKING POWDER

鸡蛋2个
EGG

装饰材料：

巴萨米克醋适量
BALSAMIC

巴萨米克醋的做法

准备意大利醋、糖，醋比糖为5：1。锅热了以后先放糖，待糖熔化后放入醋，边煮边搅拌至浓稠即可。

做法：

1 鲑鱼馅做法：取一口锅加热，将橄榄油与洋葱炒香。

2 将切成丁状的蘑菇与切碎的荷兰芹一同放入热锅中。

3 加入白葡萄酒拌炒后，冷却。

4 加入酸奶油，并以胡椒盐调味。

5 把鲑鱼切成大丁，和调好的馅料及茴香末混拌在一起。

6 将卷心菜烫熟，拭去多余的水。把做法5的材料铺在卷心菜上，做成卷状备用。

7 面团做法：高筋面粉先过筛，再混入其他所需材料揉成面团，醒约10分钟后，再开成长方片。

8 在面片两面都刷上一层蛋液。

9 把菜卷放在面片上，同样卷成卷状。

10 在面卷表面刷上蛋液，并用多余的面刻上花纹做装饰，放在面卷上。

11 烤箱预热至180℃，面卷放烤箱烤约15～20分钟。

12 取出烤好的面卷放进冰箱冷藏，冷却2小时后切成圆块状，淋上巴萨米克醋即可。

小贴士：

派是欧洲的一种点心，可用肉类、蔬菜、起司或水果等做馅来制作咸甜不同口味。派有不同造型，如长方形、圆形、三角形、半月形，可用烘烤或油炸的方式烹调，当成小吃。这里介绍的鲑鱼派很适合搭配汤或沙拉，亦可作为开胃菜或主菜享用。

野菇镶猪小里脊
Pork Fillet Stuffed with Wild Mushroom

材料:

猪小里脊200克
PORK FILLET

香菇丁20克
SHITAKE

洋菇丁20克
DICED BUTTON MUSHROOM

蛋白40毫升
EGG WHITE

金针菇段20克
ENOKI MUSHROOM

百里香适量
THYME

碎核桃仁适量
CHOPPED WALNUT

红葱头末适量
CHOPPED SHALLOT

洋葱末50克
CHOPPED ONION

白兰地酒10毫升
BRANDY

鲜奶油50克
CREAM U.H.T

奶油20克
BUTTER

白葡萄酒30毫升
WHITE WINE

沙拉油20毫升
SALAD OIL

胡椒盐适量
SALT & PEPPER

做法：

1 将里脊肉分成两份，一份先切成小丁，加入蛋白、白葡萄酒、20克鲜奶油、胡椒盐打成浆。

2 先将洋葱末、红葱头末放入锅中，以奶油炒香后，再放入香菇丁、洋菇丁、金针菇段，炒至变软，再加入白兰地酒。

3 在做法2中加入30克鲜奶油，炒至收汁后冷却。

4 把做法1的肉浆与做法3的材料一起混合搅拌均匀，作为馅料。

5 取出另一份里脊肉从中间戳一个洞。

6 将做法4混合搅拌好的馅料，塞入里脊肉中。

7 将做法6的肉卷入锅煎至六分熟上色。

8 在肉卷外层抹上一层做法1的里脊肉浆，再滚上碎核桃仁。

9 烤箱预热至160℃，烤约10分钟。

10 从烤箱中取出后，切片摆盘，淋上凤梨蜜酱即可。

凤梨蜜酱做法

材料：

糖25克
SUGAR

白兰地酒20毫升
BRANDY

凤梨80克
PINEAPPLE

鸡骨原浓汁200毫升
CHICKEN GRAVY

奶油10克
BUTTER

胡椒盐适量
SALT & PEPPER

洋葱末20克
CHOPPED ONION

做法：

1 先把凤梨切成小丁。

2 锅中放入少许奶油、洋葱末，然后放入糖，再把凤梨放入锅中。

3 再放白兰地酒、鸡骨原浓汁，最后撒入少许胡椒盐，煮至收汁即可。

汤品
SOUP

和中餐不同的是，西餐的第二大类就是汤。
西餐的汤品大概可分为清汤、奶油汤、蔬菜汤和
冷汤，风味各具特色。

匈牙利牛肉汤
Hungarian Goulash Soup

材料：

洋葱50克
ONION

牛臀肉150克
RUMP

番茄酱20克
TOMATO PASTE

酸奶油少许
SOUR CREAM

葛缕子1克
CARAWAY

匈牙利红椒粉20克
PAPRIKA

沙拉油30毫升
SALAD OIL

马铃薯100克
POTATO

迷迭香少许
ROSEMARY

小牛骨高汤800毫升
VEAL SOUP STOCK

罐装番茄100克
CANNED TOMATO

月桂叶2片
BAY LEAF

胡椒盐少许
SALT & PAPPER

做法：

1 将洋葱切碎，马铃薯、罐装番茄切小丁备用。

2 牛臀肉切小丁，撒上胡椒盐、匈牙利红椒粉略抓一下。

3 先将牛臀肉炒至上色(变白褐色)。

4 续炒洋葱至软而不变色。

5 放入迷迭香、月桂叶、葛缕子继续炒香，再放入马铃薯。

6 加入番茄酱炒匀。

7 加入番茄丁与小牛骨高汤。

8 煮滚后去除表面杂质(浮沫)，一直炖煮至牛肉松软，且汤具有一定的浓稠度。

9 最后加入适当胡椒盐调味，上桌前加少许酸奶油即可。

1 匈牙利红辣椒是一种红色大辣椒，味道温和，因为外形酷似香蕉，又称香蕉辣椒。

2 以"匈牙利"命名的菜肴一定要放匈牙利红椒粉。很多德式料理也会用到。

3 牛肉可先用匈牙利红椒粉腌过再炒，会比较入味。

4 牛肉需烹煮至松软，马铃薯需面软而完整。

鸡肉清汤附蔬菜小丁
Chicken Consommé
with Diced Vegetable

材料:

全鸡800克 CHICKEN	胡萝卜100克 CARROT	蛋白3个 EGG WHITE	丁香3粒 CLOVE	盐3克 SALT
洋葱200克 ONION	青蒜80克 LEEK	百里香3克 THYME	黑胡椒粒2克 BLACK PEPPERCORN	白兰地酒少许 BRANDY
西芹100克 CELERY	荷兰芹梗10克 PARSLEY STICK	月桂叶3片 BAY LEAF	鸡骨高汤3升 CHICKEN SOUP STOCK	

做法:

1 将鸡洗净,去除骨、皮、油,取肉。

2 将鸡肉切成2厘米宽的小条,再切成小碎丁。

3 先将洋葱切2片圆厚片。洋葱、西芹、胡萝卜、青蒜、荷兰芹梗各取一部分分别切碎,剩余部分分别切成完整的小四方丁,汆烫备用。

4 取一个钢盆,放入鸡肉碎丁与所有切碎的蔬菜,与调味香草、蛋白(可吸附杂质)、盐一起拌均匀。

5 取一口煮锅,放入鸡骨高汤、做法4的材料,一起搅拌均匀。开中火,随时搅拌均匀至呈现泡沫,等汤上有凝固物浮出,就可改小火慢煮2~3小时。(一定要先拌匀后才能开火煮,汤滚前可以一直搅拌,滚后就不能再搅拌了。)

6 将洋葱圆厚片煎成焦黄色,待汤煮至凝固状时,先从凝固的表面拨一个小洞,再把洋葱放入。

7 继续煮2~3小时,不可再搅拌,控制在小火小滚状态。

8 汤煮好后离火,将纱布铺两层放在筛网上过滤清汤。

9 清汤过滤后,把浮油渣捞起,加盐调味。

10 将鸡肉清汤倒回锅中加热,并放入汆烫过的蔬菜小丁,洒点白兰地酒让汤多点香气。

小贴士:

1 材料放完后一起煮时,要不停搅动,防止底部粘锅而有焦味,煮到出现白色泡沫,就不需再搅动了。

2 煮清汤不要用鸡皮,因为鸡皮中的油会阻碍蛋白吸附杂质。

意大利蔬菜汤
Minestrone

材料:

意大利面条30克 MACARONI	西芹30克 CELERY	蒜头5克 GARLIC	番茄酱20克 TOMATO PASTE	帕玛森起司粉适量 PARMESAN CHEESE
培根25克 BACON	胡萝卜30克 CARROT	橄榄油30毫升 OLIVE OIL	罐装番茄250克 CANNED TOMATO	
洋葱40克 ONION	番茄100克 TOMATO	奥勒冈适量 OREGANO	鸡骨高汤1.5升 CHICKEN SOUP STOCK	
马铃薯100克 POTATO	卷心菜300克 CABBAGE	月桂叶1片 BAY LEAF	胡椒盐适量 SALT& PEPPER	

做法:

1 把意大利面放入滚水中煮至八分熟后，以冰水冷却，切成3厘米的段备用。

2 番茄去皮去籽后切丁，培根切碎，洋葱、马铃薯、西芹、胡萝卜等都切成0.8厘米的丁，蒜头切碎，取罐头内整颗番茄切小碎丁备用。

3 先炒香培根，再加入橄榄油。

4 加入洋葱炒香、炒软 (不可炒焦)。

5 再加入蒜末、奥勒冈。

6 加入胡萝卜、西芹略炒一下，再放入卷心菜炒软。

7 继续加入马铃薯、番茄酱、番茄丁。

8 倒入鸡骨高汤，煮滚后再煮30分钟，放入番茄丁，改用小火煮约20 分钟(至蔬菜熟透)。

9 将煮熟的意大利面取出，放入汤锅中。

10 将汤盛入汤盘中，撒上帕玛森起司粉即可。

---

1 意大利蔬菜汤是指以多种蔬菜、豆类和意大利面烹煮出的质清而味浓的蔬菜汤，食用时可再撒上帕玛森起司粉。色泽为淡红色，口感有蔬菜的香浓。鸡骨高汤可视火候调整用量。

2 烹饪时蔬菜要软化(也可用南瓜、四季豆、节瓜等蔬菜)，汤汁有浓稠度，所以马铃薯的量要够。

奶油洋菇浓汤
Cream and Button Mushroom Soup

材料:

洋菇300克
BUTTON MUSHROOM

奶油30克
BUTTER

百里香适量
THYME

月桂叶2片
BAY LEAF

鸡骨高汤800毫升
CHICKEN SOUP STOCK

胡椒盐适量
SALT & PEPPER

鲜奶油60毫升
CREAM U.H.T

荷兰芹适量
PARSLEY

洋葱50克
ONION

西芹25克
CELERY

蒜白25克
LEEK WHITE

做法:

1 将洋菇去根后切0.3厘米厚的片状备用。

2 蒜白切片,洋葱、西芹切丝备用。

3 加热锅熔化奶油,炒香做法2的蔬菜、百里香、月桂叶等材料。

4 加入220克的洋菇片持续炒至软化。

5 加入鸡骨高汤,熬煮至所有材料软化。

6 加热锅,加入80克的洋菇炒至水分蒸发,再加一点奶油炒出香味,使洋菇呈现金黄色即可,作为浓汤的
配料。

7 从做法5的汤汁中取出月桂叶,放入果汁机中快速打成浆。

8 将月桂汁倒回汤汁锅中以胡椒盐调味。

9 最后在汤汁中加入鲜奶油与做法6的洋菇片,继续煮至味道融合即可。

10 也可以在做法6保留一点洋菇片,在上桌前铺几片在汤上。再将荷兰芹切碎,撒在汤上做装饰。

小贴士:

1 洋葱、西芹、胡萝卜、青蒜等为常用调味蔬菜,因为此道汤色泽呈灰白色,故不宜使用胡萝卜。

2 青蒜只取用白色部分,以免影响汤的颜色。

3 可视火候调整鸡骨高汤的用量。

蒜苗马铃薯冷汤
Potato and Leek Chilled Soup

材料：

白吐司1片
WHITE BREAD

蒜白200克
LEEK WHITE

豆蔻粉适量
NUTMEG

月桂叶1片
BAY LEAF

培根30克
BACON

奶油60克
BUTTER

胡椒盐适量
SALT & PEPPER

马铃薯350克
POTATO

鸡骨高汤800毫升
CHICKEN SOUP STOCK

鲜奶油100毫升
CREAM U.H.T

做法：

1 吐司去边切正方小丁，用烤箱以150℃小火烤干(约烤5分钟)，再改180℃烤至金黄色(烤1~2分钟)。

2 培根切细丝，马铃薯去皮切片，蒜白切小片。

3 先热锅，将培根入锅爆香再加入奶油。

4 在锅内加入蒜白、月桂叶、鸡骨高汤一起拌炒。

5 加入马铃薯、豆蔻粉，煮至马铃薯软烂，备用。

6 稍冷后，先取出月桂叶，加入一些汤，用果汁机瞬间打成浆，过滤后再倒回锅中加热，以胡椒盐调味。

7 最后再加入鲜奶油拌匀煮滚即可。

8 将汤用冰块隔水降温，并放入冰箱冷藏。上桌前将冷汤装入汤碗，撒吐司丁即可。

小贴士：

1 此道汤品于1917年由美国纽约Ritz-Carlton旅馆师傅Louis Diat创制，是以其法国的故乡命名的。

2 面包丁烤出来颜色要均匀。

3 材料打浆前，温度不能太热，以免损坏果汁机，造成不必要的事故。

4 此汤为冷汤，因此汤盆使用前最好也冷藏一下。

三明治和沙拉
SANDWICH AND SALAD

西方人的午餐很简单，通常是以三明治或沙拉果
腹。他们会将蔬菜、蛋、肉类巧妙搭配，满足营
养又美味的需求。

华尔道夫沙拉
Waldorf Salad

材料:

西芹150克 CELERY	苹果300克 APPLE	美乃滋80克 MAYONNAISE	胡椒盐适量 SALT & PEPPER
卷心莴苣1片 ICEBERG LETTUCE	碎核桃仁30克 CHOPPED WALNUT	葡萄干适量 RAISIN	盐适量 SALT

做法:

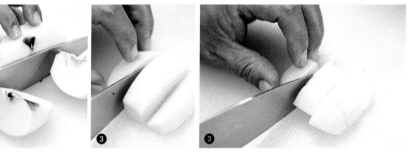

1 卷心莴苣洗净后,撕成片状备用。

2 碎核桃仁烤酥备用。

3 苹果洗净,去皮去心后,切大丁。在饮用水中加入少许盐(亦可加入适量的柠檬汁)泡一下,完全沥干,备用。

4 西芹洗净去皮,切丁氽烫时,放少许盐防止养分流失。氽烫后放水中冷却、沥干,备用。

5 取一个钢盆,将西芹、苹果、核桃仁、美乃滋、胡椒盐一起搅拌均匀。(留少许核桃仁当作装饰。)

6 上桌前将拌好的蔬菜、水果铺在卷心莴苣的叶片上,以核桃仁、葡萄干装饰。

小贴士:

华尔道夫沙拉是一道由苹果、西芹、核桃这些基本配料加上沙拉酱混合而成的古典沙拉,创制于20世纪初期,是当时一位名叫奥斯卡的大师在纽约华尔道夫—亚士多饭店做出来的。

凯撒沙拉
Caesar Salad

材料：

长叶生菜360克
COS LETTUCE

培根30克
BACON

白吐司1片
WHITE BREAD

凯撒沙拉酱汁材料：

鸡蛋2个
EGG

柠檬汁20毫升
LEMON JUICE

橄榄油30毫升
OLIVE OIL

鳀鱼肉4片
ANCHOVY

大蒜10克
GARLIC

帕玛森起司粉20克
PARMESAN CHEESE

胡椒盐适量
SALT & PEPPER

第戎芥末酱5克
DIJON MUSTARD

塔巴斯科辣酱适量
TABASCO

辣酱油适量
WORCESTERSHIRE SAUCE

做法：

❸ (去油脂)

1 长叶生菜洗净后，撕成大片状，沥干水备用。

2 吐司切小丁，入烤箱烤至金黄色备用。

3 培根切成小条，加热锅放入培根，煎成脆皮状。

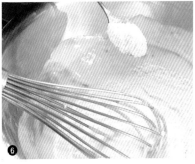

4 制作酱汁，鸡蛋取蛋黄，加入柠檬汁、第戎芥末酱、磨碎的鳀鱼肉片、胡椒盐、磨碎的大蒜，搅拌至膨发（比法式酱稍硬，比美乃滋稍软）。

5 慢慢倒入橄榄油，不停搅拌至膨发。

6 再加入塔巴斯科辣酱、辣酱油、帕玛森起司粉，充分混合后即完成凯撒沙拉酱汁。

7 取木盒将做法1的长叶生菜放入，再取部分打好的凯撒沙拉酱汁一起拌匀。

8 把长叶生菜摆盘，撒上培根、吐司丁、帕玛森起司粉，再淋上酱汁。

小贴士：

凯撒沙拉是1924年墨西哥一家意式餐厅的老板兼主厨CAESAR CARDIN发明的。

尼斯沙拉
Nicoise Salad

材料：

马铃薯200克
POTATO

鸡蛋1个
EGG

四季豆60克
FRENCH BEAN

番茄100克
TOMATO

长叶生菜1叶
COS LETTUCE

卷心莴苣80克
ICEBERG LETTUCE

鲔鱼罐头80克
CANNED TUNA FISH

鳀鱼肉2片
ANCHOVY

酸豆少许
TAMARIND

黑橄榄3个
BLACK OLIVE

油醋酱汁材料

油醋汁适量
VINAIGRETTE

白葡萄酒醋40毫升
WHITE WINE VINEGAR

胡椒盐适量
SALT & PEPPER

橄榄油60毫升
OLIVE OIL

荷兰芹适量
PARSLEY

做法：

1 将马铃薯外皮洗净，煮熟去皮，切成长约6厘米、厚0.5厘米的条状备用。

2 将鸡蛋外壳洗净，放入水中，大火煮滚改中火，煮熟12分钟，取出泡入冰水冷却，剥壳后用切割器切片备用。

3 四季豆撕去纤维，入热水汆烫，烫熟后立即泡入冰开水急速冷却，沥干水，切成6厘米的段。

4 番茄去皮去籽后切条状备用。

5 将卷心莴苣洗净，泡入饮用水中，再取出沥干水，撕成小片。鲔鱼罐头去汁后备用。

6 制作油醋酱汁：在白葡萄酒醋中加胡椒盐、荷兰芹末，用打蛋器打匀，同时慢慢加入橄榄油、拌入油醋汁，调匀后即为油醋酱汁。

7 摆盘：卷心莴苣垫底分置于三个角落，再放入马铃薯条、四季豆、鲔鱼块、番茄。

8 撒上酸豆点缀其间，橄榄切片点缀在蛋片上，淋上油醋酱汁。

主厨沙拉
Chef's Salad

材料：

火腿80克
HAM

鸡胸肉120克
CHICKEN BREAST

巧达起司1片
CHEDDAR CHEESE

冷牛肉100克
COLD ROASTED BEEF

卷心莴苣60克
ICEBERG LETTUCE

鸡蛋1个
EGG

番茄1个
TOMATO

酸黄瓜1个
PICKLED CUCUMBER

卷须生菜适量
ENDIVE

黑橄榄2个
BLACK OLIVE

千岛沙拉酱适量
THOUSAND ISLAND
DRESSING

调味蔬菜：

洋葱15克
ONION

胡萝卜15克
CARROT

西芹15克
CELERY

青蒜15克
LEEK

盐少许
SALT

做法：

1 卷心莴苣洗净后，剥片状备用。
2 将鸡蛋外壳洗净，放入冷水中，大火煮滚改中火，煮熟后取出泡入冰水冷却，剥壳后切成4片备用。

3 锅中放入调味蔬菜，加少许盐，再将鸡胸肉放入煮熟，待鸡肉冷却后切成条状备用。

4 牛肉烤熟后，切条备用。

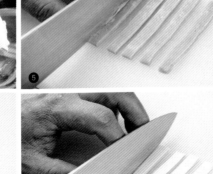

5 火腿、起司切宽条备用。

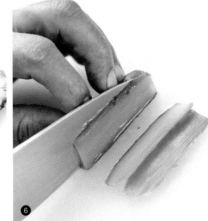

6 酸黄瓜、黑橄榄切片，番茄洗净切角状，卷心莴苣垫底备用。
7 取一个沙拉盘，以卷心莴苣垫底，四周用切条火腿、牛肉、鸡肉、起司围绕。
8 以蛋片、番茄、黑橄榄及卷须生菜装饰。
9 倒入千岛沙拉酱（做法见P103）即可。

小贴士：

主厨沙拉在美国早期移民时期，是一道非常受欢迎的沙拉。它来自于美国南方，通常作为夏季午餐或晚餐的菜品。

培根、生菜、番茄三明治
B.L.T.Sandwich

材料：

白吐司2片
WHITE BREAD

培根2片
BACON

卷心莴苣60克
ICEBERG LETTUCE

番茄1个
TOMATO

软牛油10克
SOFT BUTTER

美乃滋少许
MAYONNAISE

做法：

1 培根整片煎过。

2 番茄切片，卷心莴苣剥片备用。

3 吐司烤黄并涂上软牛油。
4 将备好的番茄、卷心莴苣、培根依次一
层层铺在一片吐司上。
5 将另一片吐司盖上。
6 切成需要的形状即可。

总汇三明治
Club Sandwich

材料:

白吐司3片
WHITE BREAD

培根2片
BACON

卷心莴苣1大片
ICEBERG LETTUCE

酸黄瓜3片
PICKLED CUCUMBER

熟鸡肉60克
CHICKEN

鸡蛋1个
EGG

软牛油10克
SOFT BUTTER

火腿1片
HAM

番茄1个
TOMATO

美乃滋20克
MAYONNAISE

做法:

1 煎荷包蛋。

2 火腿煎上色,培根煎熟,备用。

3 熟鸡肉、番茄切片备用。

4 吐司烤黄并涂上软牛油。

❺(放黄瓜) ❺(放鸡肉) ❺(放番茄)

5 在一片吐司上放卷心莴苣、黄瓜片、鸡肉片、番茄片。

6 再放上另一片吐司。

7 铺上火腿、培根片、煎蛋,挤上美乃滋。

8 将第三片吐司盖上。

9 以竹签在四处插紧后切边,再沿对角切成4块,盛盘。

小贴士:

三明治旁边可以加上生菜、薯条作为配菜。

主菜
MAIN COURSE

主菜是西餐的第四道菜肴，多取材自肉类，最常见的是牛排、牛肉、鸡肉或羊排。

红葡萄酒烩牛肉
Beef Stewed in Red Wine

材料：

洋葱80克
ONION

胡萝卜80克
CARRORT

西芹80克
CELERY

牛腩500克
BEEF BRISKET

红葡萄酒200毫升
RED WINE

月桂叶2片
BAY LEAF

百里香适量
THYME

牛骨原浓汁300毫升
BOVINE BONE GRAVY

洋菇80克
BUTTON MUSHROOM

培根50克
BACON

小牛骨白色高汤500毫升
VEAL WHITE SOUP STOCK

澄清奶油30毫升
CLARIFIED BUTTER

胡椒盐适量
SALT & PEPPER

做法：

1 洋葱切块，胡萝卜、西芹切方块。

2 牛腩切成5厘米的长条状。

3 将切好的牛腩与胡椒盐、红葡萄酒、百里香一起腌泡10分钟。

4 取出腌泡好的牛腩，用澄清奶油煎上色(约3分钟)，倒入红葡萄酒一起用大火煮，待酒精味去除，捞起备用。

5 将洋葱、胡萝卜、西芹、月桂叶一起炒软，将做法4的材料放入。

6 加入牛骨原浓汁与小牛骨白色高汤，约煮 1.5小时至牛肉熟软。

7 捞出牛腩，汤汁过滤后，保留汤汁备用。

8 热锅，将洋菇、培根放入炒熟。

9 将牛腩与汤汁、培根、洋菇一同放入锅中熬煮，加入胡椒盐调味，煮滚后10分钟起锅。

普罗旺斯烤小羊排
Provence Roasted Lamb Chop

材料：

小羊排1块
LAMB CHOP

胡椒盐适量
SALT & PEPPER

第戎芥末酱20克
DIJON MUSTARD

沙拉油20毫升
SALAD OIL

红葡萄酒20毫升
RED WINE

面包粉50克
BREAD CRUMB

百里香1茶匙
THYME

迷迭香1茶匙
ROSEMARY

大蒜5克
GARLIC

罗勒末1茶匙
CHOPPED BASIL

波特酒酱汁材料：

奶油20克
BUTTER

红葱头碎末20克
CHOPPED SHALLOT

波特酒80毫升
PORT WINE

牛骨原浓汁360毫升
BOVINE BONE GRAVY

冷奶油0.5克
COLD BUTTER

胡椒盐适量
SALT & PEPPER

蜜汁洋葱材料：

奶油30克
BUTTER

月桂叶1片
BAY LEAF

小洋葱半颗
ONION

红葡萄酒150毫升
RED WINE

红葡萄酒醋30毫升
RED WINE VINEGAR

糖35克
SUGAR

做法：

1 先去除小羊排表面的油脂，再将肋骨上的筋清除干净。

2 小羊排以红葡萄酒、胡椒盐腌渍，用沙拉油煎上色。

3 将香料与第戎芥末酱混合搅拌均匀备用。

4 煎上色的小羊排约三分熟后抹上做法3的酱汁，再蘸上面包粉。

5 烤箱预热至180℃，将小羊排烤至约七分熟后取出备用。

6 制作波特酒酱汁：在锅内放入奶油、红葱头碎末炒香，放入波特酒煮，待浓缩至一半后，放入牛骨原浓汁煮至浓稠状，过滤掉杂质和红葱头碎末，留下酱汁，回到炉上加热，以胡椒盐调味，放入冷奶油使其融入即可。

7 制作蜜汁洋葱：取一口锅，放入糖、奶油，将小洋葱炒香。加入红葡萄酒、红葡萄酒醋、月桂叶，煮至完全收汁。

8 将烤好的小羊排沿肋骨方向切块，附上蜜汁洋葱，最后淋上波特酒酱汁即可。

小贴士：

1 小羊排的油脂有较浓的膻味，有些人不太喜欢，所以把肋骨上的筋清除干净，可去膻味，也比较美观。

2 波特酒酱汁中可放入一小块冷奶油，离火摇晃使其均匀熔化，让酱汁更光亮、更浓稠且风味更好。

（未去筋时）

（去筋完成图）

焖烤小牛膝附鸡豆番茄莎莎
Braised Veal Shank in Tomato Sauce with Chickpea Salsa

材料：

小牛膝2块
VEAL SHANK

橄榄油20克
OLIVE OIL

红葡萄酒60毫升
RED WINE

洋葱末30克
CHOPPED ONION

大蒜末10克
CHOPPED GARLIC

月桂叶2片
BAY LEAF

迷迭香2克
ROSEMARY

胡萝卜丁30克
DICED CARROT

西芹丁30克
DICED CELERY

蒜白丁30克
DICED LEEK

百里香0.3克
THYME

小牛骨褐色高汤1升
VEAL BROWN SOUP STOCK

罐装番茄80克
CANNED TOMATO

胡椒盐适量
SALT & PEPPER

高筋面粉20克
BREAD FLOUR

鸡豆番茄莎莎材料：

鸡豆60克
CHICKPEA

鸡骨高汤300毫升
CHICKEN SOUP STOCK

番茄小丁60克
DICED TOMATO

奶油20克
BUTTER

洋葱末30克
CHOPPED ONION

大蒜末10克
CHOPPED GARLIC

柠檬汁15毫升
LEMON JUICE

柠檬皮末适量
CHOPPED LEMON ZEST

百里香1克
THYME

胡椒盐适量
SALT & PEPPER

荷兰芹末适量
CHOPPED PARSLEY

做法：

1 小牛膝先用胡椒盐调味，蘸上高筋面粉。罐装番茄切丁备用。

2 取一口锅，用橄榄油将小牛膝煎上色。

3 倒入红葡萄酒煮，让酒精蒸发，小牛膝备用。

4 另取一口锅，炒香洋葱末、大蒜末、胡萝卜丁、西芹丁、蒜白丁、番茄丁。

5 再加入迷迭香、月桂叶、百里香，最后加入做法3的汁液，烧干红葡萄酒。

6 加入小牛骨褐色高汤，煎好小牛膝放入煮滚。

7 用锡箔纸盖上，放入180℃的烤箱，烤1.5小时。

8 鸡豆需先泡水软化后再放入锅内，煮熟备用。

9 鸡豆番茄莎莎的做法：将洋葱末、大蒜末用奶油爆香，加入鸡豆，再加入鸡骨高汤、柠檬汁，煮约15分钟，放入番茄小丁、荷兰芹末、柠檬皮末、胡椒盐等调味即可。

10 取出做法7的牛膝，酱汁先过筛，再淋上酱汁，摆上鸡豆炖番茄。

小贴士：

酱汁过筛后不容易有碎屑，比较美观。

佛罗伦萨鸡排附野菇饭
Chicken Breast of Florentine Style with Wild Mushroom of Rice

材料：

红葱头30克
SHALLOT

奶油80克
BUTTER

菠菜120克
SPINACH

白葡萄酒80毫升
WHITE WINE

胡椒盐适量
SALT& PEPPER

鸡腿300克
CHICKEN LEG

鸡骨高汤550毫升
CHICKEN SOUP STOCK

高筋面粉25克
BREAD FLOUR

鲜奶油50毫升
CREAM U.H.T

格鲁耶尔起司50克
GRUYERE CHEESE

帕玛森起司粉20克
PARMESAN CHEESE

蒜末5克
CHOPPED GARLIC

米150克
RICE

洋菇15克
BUTTON MUSHROOM

香菇15克
SHITAKE MUSHROOM

做法：

1 将10克红葱头切碎，用奶油炒香。

2 加入菠菜、胡椒盐炒熟，铺于餐盘上备用。

3 鸡腿肉撒上胡椒盐，以白葡萄酒腌渍，两面蘸上薄薄一层面粉煎至上色。

4 煎好的鸡腿放少许鸡骨高汤和30毫升白葡萄酒，放烤箱中以200℃烤10分钟后取出，烤汁倒出备用，鸡腿放在做法2炒好的菠菜上。

5 将20克面粉加入20克奶油中，炒成白油糊。

6 再加入150毫升鸡骨高汤做成鸡骨浓汁备用。

7 将烤汁倒入沙司锅浓缩，加入鸡骨浓汁、鲜奶油、格鲁耶尔起司，起司煮至熔化，即成摩尼酱汁。

8 将做法7的酱汁淋到做法4烤热的鸡腿表面，撒上10克帕玛森起司粉，以明火烤至金黄色即可。

9 野菇饭制作：用15克奶油炒香20克红葱头和蒜末，再放入切成丁的菇类，炒香备用。

10 加入洗净的米炒匀，淋入20毫升白葡萄酒、300毫升鸡骨高汤，煮至米三分熟后，放入烤箱中以180℃烤约18分钟，至烤熟。

11 在烤熟的饭中加入炒好的菇类、胡椒盐、25克奶油、10克帕玛森起司粉，拌炒均匀即可。

12 将烤好的鸡腿附在野菇饭上即可。

烤半鸡附奶油洋菇饭

Roasted Chicken with Button Mushroom of Rice

材料:

鸡半只
HALF CHICKEN

胡椒盐适量
SALT& PEPPER

橄榄油10毫升
OLIVE OIL

沙拉油15毫升
SALAD OIL

红葡萄酒酱汁100毫升
RED WINE SAUCE

奶油洋菇饭材料:

奶油30克
BUTTER

大蒜末5克
CHOPPED GARLIC

洋葱末20克
CHOPPED ONION

月桂叶1片
BAY LEAF

洋菇50克
BUTTON MUSHROOM

米150克
RICE

鸡骨高汤200毫升
CHICKEN SOUP STOCK

搭配蔬菜:

洋葱80克
ONION

胡萝卜75克
CARROT

西芹75克
CELERY

青蒜50克
LEEK

做法：

1 鸡洗净，淋上红葡萄酒酱汁，以胡椒盐涂抹均匀，腌约5分钟。

2 西芹切条、青蒜切段、胡萝卜切橄榄形。洋葱切片状，两端插入竹签。

3 将做法1的鸡用沙拉油煎至两面金黄，烤箱预热至180℃，烤盘抹些油，鸡放入烤箱烤18～20分钟（去骨鸡烤约15分钟）。

4 取热锅，放入15克奶油，加入洋葱末炒软，加入大蒜末、月桂叶、洋菇丁，加入生米略炒均匀。

5 再将鸡骨高汤加入稍煮一下，待收汁，以锡箔纸覆盖后，放入烤箱以180℃烤15～18分钟，取出后焖约5分钟。

6 再掀开锡箔纸，把15克奶油拌入熟饭中，拌匀即可。

7 将搭配蔬菜撒上胡椒盐，淋上橄榄油，烤至微微上色后，再放入烤箱烤约8分钟即可。

8 取出烤好的鸡，摆放在餐盘中，旁边附做好的奶油洋菇饭。

红葡萄酒酱汁的制作

材料：

红葱头30克
SHALLOT

奶油适量
BUTTER

红葡萄酒80毫升
RED WINE

鸡骨原浓汁250毫升
CHICHKEN GRAVY

胡椒盐适量
SALT & PEPPER

冷奶油块0.5克
COLD BUTTER

做法：

1 红葱头切碎用奶油炒香，倒入红葡萄酒，让酒精燃烧浓缩至一半的量，再放入鸡骨原浓汁。

2 熬煮至浓稠，先将酱汁过筛，去除红葱头，回炉上加热后加入胡椒盐，离火加入冷的小奶油块，晃动锅中的酱汁使其均匀即可。

奶油焗鲈鱼附马铃薯

Butter-Baked Sea Bass Fillet with Boiled Potatoes

材料：

马铃薯200克
POTATO

奶油30克
BUTTER

荷兰芹末适量
CHOPPED PARSLEY

鲈鱼1条
SEA BASS

格鲁耶尔起司50克
GRUYERE CHEESE

白葡萄酒30毫升
WHITE WINE

胡椒盐适量
SALT & PEPPER

鸡骨高汤适量
CHICKEN SOUP STOCK

橄榄油适量
OLIVE OIL

高筋面粉20克
BREAD FLOUR

牛奶150毫升
MILK

鲜奶油100毫升
CREAM U.H.T

帕玛森起司粉15克
PARMESAN CHEESE

胡萝卜（切橄榄形）2个
CARROT

绿皮密生西葫芦（切橄榄形）3个
ZUCCHINI

做法：

1 将马铃薯切成圆片，放入热水中用中火煮熟(约15分钟)，捞出后与10克奶油和荷兰芹末拌炒，备用。

2 鲈鱼去骨取2片鱼肉后，将皮去除，格鲁耶尔起司切丝备用。

3 烤盘抹少许油，放入鱼肉片。拌上白葡萄酒、胡椒盐，盖上抹过奶油的锡箔纸，放入180℃的烤箱烤约10分钟。

4 取20克奶油与20克高筋面粉，炒成白油糊。再将150毫升牛奶分次加入油糊中拌匀，调制成奶油汁备用。

5 取出烤好的鱼肉置于餐盘中。鱼汁倒入沙司锅浓缩，加入奶油汁煮开，以胡椒盐调味。

6 最后再加入鲜奶油与格鲁耶尔起司煮化，即为摩尼酱汁。

7 将摩尼酱汁淋在烤好的鱼上，撒上帕玛森起司粉，用烤箱烤上色。

8 锅中放入奶油、鸡骨高汤、橄榄油、胡椒盐，把胡萝卜、西葫芦煮熟，和做法1的配菜一起搭配鲈鱼装盘即可。

小贴士：

1 鲈鱼烹调前须处理完整，去骨、去皮要干净。

2 制作摩尼酱汁时，奶油汁与鲜奶油比例为2：1。

炸鲑鱼柳附塔塔酱
Fried Salmon with Tartar Sauce

材料：

鲑鱼400克
SALMON

柠檬1个
LEMON

油1升
OIL

白葡萄酒10毫升
WHITE WINE

高筋面粉140克
BREAD FLOUR

泡打粉6克
BAKING POWDER

牛奶130毫升
MILK

鸡蛋1个
EGG

胡椒盐适量
SALT & PEPPER

沙拉油20毫升
SALAD OIL

罗勒叶5～6片
BASIL LEAF

塔塔酱材料：

洋葱10克
ONION

酸黄瓜6克
PICKLED CUCUMBER

荷兰芹适量
PARSLEY

鸡蛋1个
EGG

柠檬1个
LEMON

美乃滋100克
MAYONNAISE

胡椒盐适量
SALT & PEPPER

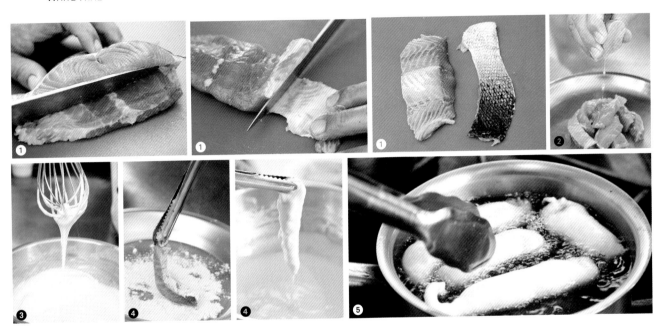

做法：

1 鲑鱼去骨、去皮后，切条(约6厘米长)。柠檬挤汁备用。

2 将鲑鱼条用柠檬汁、白葡萄酒、胡椒盐腌渍，备用。

3 制作面糊：盆中放入过筛后的面粉、泡打粉、牛奶、鸡蛋、胡椒盐、沙拉油一起拌匀。

4 将切好的鱼条均匀蘸上高筋面粉后，再蘸面糊。

5 油温160～180℃，将鱼条炸至金黄，捞出。再将罗勒叶炸至酥脆，快速捞出作为装饰。

6 制作塔塔酱：洋葱、酸黄瓜、荷兰芹切碎。

7 鸡蛋煮熟后切碎，柠檬挤汁备用。

8 将洋葱、鸡蛋、酸黄瓜、美乃滋、柠檬汁、荷兰芹、胡椒盐一起搅拌均匀，盛入沙司盅内。

9 将做法5的食材摆盘，附上塔塔酱即可。

奶油洋菇鲈鱼
附马铃薯

Butter-Baked Button Mushroom and Sea Bass Fillet with Potato

材料:

鲈鱼1条
SEA BASS

胡椒盐少许
SALT & PEPPER

荷兰芹3克
PARSLEY

绿皮密生西葫芦1/2个
ZUCCHINI

洋菇50克
BUTTON MUSHROOM

白葡萄酒100毫升
WHITE WINE

胡萝卜1/2个
CARROT

红葱头10克
SHALLOT

鱼骨高汤60毫升
FISH SOUP STOCK

马铃薯(橄榄形)4个
POTATO

奶油10克
BUTTER

鲜奶油80毫升
CREAM U.H.T

做法:

1 鲈鱼去骨取2片鱼肉后，将皮去除。(鱼骨可熬高汤。)

2 洋菇切成0.3厘米的片状，红葱头切碎。

3 烤盘涂些奶油。

4 撒上洋菇片。

5 放入鲈鱼(外面朝下)，撒上胡椒盐。

6 放入白葡萄酒、鱼骨高汤。

7 用涂过奶油的锡箔纸盖上做法6的食材，放入烤箱，温度调至180℃烤约10分钟。烤好的鲈鱼取出，放在餐盘上。

8 制作奶油洋菇酱汁：热锅将奶油熔化，放入红葱头，加入少许白葡萄酒以及做法7烤盘中的烤汁，再加入鲜奶油煮至浓缩，过筛去除红葱头后，再加入洋菇片烹煮，用胡椒盐调味即可。

9 将奶油洋菇酱汁淋在烤好的鲈鱼上即可。

10 马铃薯、胡萝卜、西葫芦切片先汆烫，再取一口锅，放奶油、鱼骨高汤、橄榄油、胡椒盐煮滚，再将马铃薯、胡萝卜、西葫芦放入煮熟，撒上荷兰芹当作配菜。

小贴士:

1 锡箔纸上要涂奶油，以免粘住鱼肉。

2 烹调鱼的时间与温度要恰当。

甜点
KITCHEN DESSERT

19世纪前，西方社会将甜点看成是奢侈品，一般人无缘享用。时至今日，甜点成了西餐主菜后的搭配食物，相当普及，各地也都发展出了有代表性的甜点。

意式香草冻奶
Panna Cotta

材料：

打发鲜奶油500克
WHIPPING CREAM U.H.T

细白砂糖120克
CASTOR SUGAR

吉利丁片8片
GELATINE

鲜奶500克
MILK

香草豆荚1/3根
VANILLA STRIP

做法：

1 鲜奶油、细白砂糖、香
草豆荚加热至80℃。

2 吉利丁片先泡冰水。

3 在做法1的食材中加入吉利丁片与鲜奶。

香草豆荚处理方式：

1 剖开。

2 刮香草籽。

4 拌匀后过滤。

5 倒入模具中冷藏定型，
摆上装饰的水果即可。

泡芙 Puff

材料:

安佳奶油90克　　低筋面粉90克
ANCHOR BUTTER　　CAKE FLOUR

水90克　　鸡蛋90克
WATER　　EGG

盐1小匙
SALT

做法:

1 将水、盐、奶油煮沸。

2 加入低筋面粉炒至糊化的
状态。

3 放入搅拌缸打至降温到60℃。

4 降温后加入鸡蛋,分三次加入搅拌。

5 搅拌至浓稠状。

6 用平口花嘴挤出直径3厘
米的圆形面糊。

7 放入烤箱,以200℃/200℃
的上、下温烤30分钟。

小贴士:

做法6挤面糊收尾时,可用手蘸水于面糊上方轻压一下,避免将
上方拉出的角烤焦。

焦糖布丁
Creme Brulee

材料：

香草豆荚1/2根
VANILLA STRIP

打发鲜奶油500克
WHIPPING CREAM U.H.T

细白砂糖55克
CASTOR SUGAR

枫糖20克
MAPLE SYRUP

蛋黄6个
EGG YOLK

二砂糖*少量
BROWN SUGAR

做法：

1 将鲜奶油与一半细白砂糖、香草豆荚加热至60℃。

2 将蛋黄、另一半细白砂糖和枫糖一起拌匀。

3 将做法2与做法1的食材混合拌匀。

4 拌匀后过滤。

5 倒入模具中。

6 隔水烘烤，利用水蒸气加热。

7 最后倒入二砂糖铺平。（二砂糖糖粒较粗，不容易发软。）

8 以喷枪烤成焦状。

*二砂糖是蔗糖第一次结晶后所产的糖，具有焦糖色泽（微焦黄）与香味。

寒天粉水果果冻
Konjac Jelly with Fresh Fruit

材料:

寒天水晶果冻粉40克
AGAR JELLY POWDER

细白砂糖50克
CASTOR SUGAR

水1000克
WATER

柳橙汁150克
ORANGE JUICE

新鲜水果适量
FRESH FRUIT

做法:

1 水加热。

2 寒天水晶果冻粉与细白砂
糖混合。

3 加入沸水中，煮至透明状。煮
沸拌匀后先过滤。

4 再将柳橙汁加入果冻粉溶
液中拌匀。

5 再次过滤。

6 新鲜水果(草莓、奇异果、水蜜
桃、樱桃)切丁，倒入果冻粉溶
液待凝固即可。

苹果塔
Apple Tart

杏仁塔皮材料：

安佳奶油120克
ANCHOR BUTTER

低筋面粉225克
CAKE FLOUR

细白砂糖80克
CASTOR SUGAR

杏仁粉25克
ALMOND FLOUR

盐2克
SALT

奶油面粒少许
CRUMBLE

鸡蛋1个
EGG

苹果馅材料：

安佳奶油50克
ANCHOR BUTTER

香草豆荚1/3根
VANILLA STRIP

苹果5个(切丁)
DICED APPLE

柠檬1/2个
LEMON

细白砂糖50克
CASTOR SUGAR

肉桂粉1/4茶匙
CINNAMON POWDER

玉米粉1小匙
CORN STARCH

葡萄干少许
RAISIN

奶油面粒

材料：
奶油75克、糖20克、高筋面粉90克

做法：

1 将奶油、糖倒入盆中搅拌打发。

2 加入高筋面粉以指缝相搓的方式做成小圆粒。

做法：

1 安佳奶油、细白砂糖、盐、鸡蛋、杏仁粉一起打发。

2 加过筛的低筋面粉，拌入做法1的食材中，揉成面团。

3 把做好的奶油面团放入塑料袋中，压平冷藏约3小时。

4 制作苹果馅：安佳奶油煮至冒泡后，加苹果丁，煮至水分收干。

5 于做法4的食材中放入细白砂糖炒至焦化，加入玉米粉、香草豆荚。

6 关火加入柠檬汁，再加入肉桂粉。

7 苹果馅冷却后加葡萄干拌匀。

8 将做法3的面团取出，擀成薄皮。

9 将薄皮放模具中，做成派皮造型。

10 苹果馅倒入派皮，撒上奶油面粒，烤箱预热至200℃，烤25分钟。

布朗尼巧克力蛋糕
Brownie Chocolate Cake

材料:

鸡蛋16个
EGG

细白砂糖800克
CASTOR SUGAR

盐8克
SALT

沙拉油800克
SALAD OIL

低筋面粉800克
CAKE FLOUR

可可粉200克
COCOA POWDER

泡打粉24克
BAKING POWDER

碎核桃仁400克
CHOPPED WALNUT

碎巧克力豆480克
CHOCOLATE CHIPS

葡萄干适量
RAISIN

做法:

1 将鸡蛋、细白砂糖、盐拌匀,打发至乳状。

2 加入沙拉油。

3 低筋面粉、可可粉、泡打粉过筛。
4 将做法2与做法3的食材拌匀。

5 再加入碎核桃仁、碎巧克力豆、葡萄干即可。

6 倒入大烤盘刮平,放烤箱中以200℃ / 150℃,烤25~30分钟。
7 烤焙后分成适当大小,可放一个香草冰淇淋球在上面。

香草戚风蛋糕
Vanilla Chiffon Cake

材料：

蛋白175克
EGG WHITE

蛋黄90克
EGG YOLK

香草精1克
VANILLA EXTRACT

鲜奶油适量
CREAM U.H.T

细白砂糖100克
CASTOR SUGAR

沙拉油60克
SALAD OIL

低筋面粉75克
CAKE FLOUR

水果适量
FRUIT

塔塔粉1/2匙
TARTAR

蜂蜜15克
HONEY

玉米粉15克
CORN STARCH

盐1/2匙
SALT

柳橙汁50克
ORANGE JUICE

泡打粉1/2匙
BAKING POWDER

做法：

1 细白砂糖（55克）、盐、沙拉油、柳橙汁、香草精、蜂蜜、低筋面粉一起拌匀。

2 将已过筛的玉米粉、泡打粉拌入做法1的材料中搅成面糊，再加入蛋黄搅拌。

3 蛋白、塔塔粉、细白砂糖（45克）混合打成湿性发泡，蛋白打成泡沫后，糖分两次加入打发。

4 将做法3打好的蛋白拌入面糊中，搅拌均匀。

5 倒入杯状模具，轻敲几下把空气排出，再放入烤箱以190℃ / 150℃烤20分钟。

6 烤焙后搭配鲜奶油、水果并撒上糖粉。

小贴士：

湿性发泡多用在蛋糕制作中，蛋白拉起时会呈较细的角状；干性发泡大都用在饼干制作中，打发时间会比湿性发泡久一点。

优格水果百汇
Yogurt Fruit

水果优格材料：

优格1罐
YOGURT

消化饼干200克
DIGESTIVE CRACKER

新鲜水果适量
FRESH FRUIT

奶油200克
BUTTER

做法：

1 奶油加热熔化。

2 将消化饼干压碎，拌入熔化
　　的奶油即可。

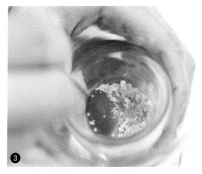

3 在玻璃杯子里先铺上一层饼
　　干屑压平。

4 第二层加入优格。

5 第三层放上新鲜水果。新鲜水果可依
　　特性切片、切块等。

6 做法3～5重复2次。

小贴士：

1 饼干与奶油混合做成团状并压平成型，当作衬底。这样做奶油也会增加
　　香气。

2 新鲜水果可以自由搭配。这里用的是奇异果、草莓、水蜜桃、蓝莓、灯
　　笼果、挂金灯、无花果。

面包布丁
Bread Pudding

材料：

鲜奶500克
MILK

细白砂糖75克
CASTOR SUGAR

盐1克
SALT

鸡蛋4个
EGG

杏仁粉33克
ALMOND FLOUR

葡萄干33克
RAISIN

朗姆酒7克
RUM

面包300克
BREAD

做法：

1 将鲜奶、细白砂糖加热至65℃。

2 将鸡蛋、盐、杏仁粉、朗姆酒一起拌匀。

3 再将加热的鲜奶与鸡蛋一起拌匀。

4 加入盐过滤。

5 模具中加入面包、葡萄干。

6 再倒入做好的布丁液，烤箱隔水以150℃／150℃左右烘烤25分钟。

巧克力慕斯
Chocolate Mousse

材料:

蛋黄125克
EGG YOLK

吉利丁片40克
GELATINE

细白砂糖90克
CASTOR SUGAR

打发鲜奶油500克
WHIPPING CREAM U.H.T

鲜奶500克
MILK

白兰地酒30克
BRANDY

黑巧克力250克
DARK CHOCOLATE

酒渍樱桃适量
PICKLED CHERRY

做法:

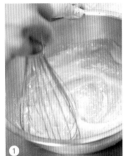   

1 蛋黄加细白砂糖打发,冲入加热的鲜奶拌匀。

2 再倒入黑巧克力中,隔水加热,加吉利丁片熔化。

3 再加入白兰地酒拌匀。

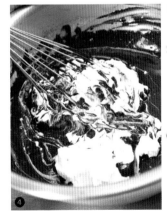   

4 再加入打发鲜奶油,做成巧克力慕斯。

5 在高脚杯内,放入酒渍樱桃。

6 挤入一层巧克力慕斯,上面放酒渍樱桃。

7 最后再挤入一层巧克力慕斯并挤平,放入冷冻室约6小时即可享用。

小贴士:

热鲜奶除了调味还具有杀菌的作用。

附 录

西餐常用食材中英文对照表
温度、重量换算
食品保存与餐厨卫生
西式餐厨常用设备认识

西餐常用食材中英文对照表

肉类 MEAT

牛肉 BEEF

颈肩部 CHUCK
颈部肉 NECK
肩部肉 SHOULDER
肩胛里脊 CHUCK TENDER
肩胛小排 CHUCK SHORT RIB

肋排部 RIB
带骨肋里牛肉 RIB ROAST
肋骨牛排 RIB STEAK
肋眼牛排 RIB EYE STEAK
肋眼条肉 RIB EYE ROLL
肋骨小排 SHORT RIB

前部腰肉 SHORT LOIN
条肉 STRIPLOIN
沙朗牛排 SIRLOIN
丁骨牛排 T-BONE STEAK
红屋牛排 PORTER HOUSE STEAK
天特朗 TENDERLOIN

后部腰肉 REAR LOIN
去骨沙朗牛排 BONELESS SIRLOIN STEAK
针骨沙朗牛排 PIN-BONE SIRLOIN STEAK
平骨沙朗牛排 FLAT-BONE SIRLOIN STEAK

臀部肉 ROUND
上部后腿肉 TOP ROUND
外侧后腿肉 OUT SIDE ROUND
内侧后腿肉 EYE OF ROUND OR INSIDE ROUND
下部后腿肉 BOTTOM ROUND OR SLIVER ROUND

腰腹肉 FLANK
腰腹肉牛排 FLANK STEAK
腰腹肉卷 FLANK ROLL
腰腹绞肉 GROUND BEEF

腩排肉 SHORT PLATE
牛小排 SHORT RIB
牛腩肉 BRISKET
绞肉 GROUND BEEF

前腿肉 FORESHANK
小腿切块 SHANK CROSS CUT
绞肉 GROUND BEEF

其他 OTHERS
牛心 BEEF HEART
牛舌 BEEF TONGUE
牛尾 OX-TAIL
牛骨 BONE MARROW
牛肚 BEEF TRIPE
牛肝 BEEF LIVER
牛腰 BEEF KIDNEY
牛脚 BEEF FEET

小牛肉 VEAL

背部及鞍部肉 BACK AND SADDLE
条肉、腰肉 LOIN

菲力、小里脊 FILLET
肋排 RIB

腿部肉 LEG
上腿肉 TOP ROUND
腱子 SHANK

猪肉 PORK

背部肉 BACK
大里脊 LOIN
小里脊 FILLET
肋排 RIB

颈部肉 NECK

臀部肉 ROUND
上部后腿肉 TOP ROUND
排骨 SPARE RIB
肩部肉 SHOULDER
腹部肉 BELLY

其他 OTHERS
猪头肉 HEAD
猪蹄 TROTTER
腰与肝 KIDNEY AND LIVER
舌 TONGUE
脑 BRAIN

羊肉 LAMB

背部及鞍部肉 BACK AND SADDLE
全鞍部肉 WHOLE SADDLE

羊排 LAMB CHOP
大里脊 LAMB LOIN

腿肉 LEG
胸肉 BREAST
羊膝 LAMB SHANK
肩部肉 LAMB SHOULDER

家禽、野味类
POULTRY AND GAME

家禽类 POULTRY

老母鸡 OLD CHICKEN
成鸡 CHICKEN
春鸡 SPRING CHICKEN
火鸡 TURKEY
鸭 DUCK
鹅 GOOSE

野味类 GAME

雉鸡 PHEASANT
鹌鹑 QUAIL
绿头鸭 MALLARD DUCK
野鸽 WILD PIGEON
野兔 WILD RABBIT
鹿肉 VENISON

淡水鱼类、海鲜类
FRESHWATER FISH AND SEAFOOD

淡水鱼类 FRESHWATER FISH

鲤鱼 CARP
鳟鱼 TROUT
鳗鱼 EEL
梭子鱼 PIKE
鲑鱼 SALMON

海鲜类 SEAFOOD
海水鱼 SALTWATER FISH

鲈鱼 SEA BASS
红鲣鱼 RED MULLET
红鱼 RED SNAPPER
白银鱼 WHITING
鳕鱼 COD
沙丁鱼 SARDINE
海令鱼 HERRING
鲭鱼 MACKEREL
鲔鱼 TUNA FISH
多佛鲽鱼 DOVER SOLE
突巴鱼 TURBOT
哈立巴鱼 HALIBUT
鲟鱼 STURGEON
鳀鱼 ANCHOVY
鲳鱼 POMFRET
石斑鱼 GROUPER
黑貂鱼 SABLE FISH
旗鱼 SAILFISH
甲鱼(鳖) TURTLE

甲壳类 CRUSTACEANS

小虾 SHRIMP
明虾 PRAWN
龙虾 LOBSTER
小龙虾 CRAYFISH
拖鞋龙虾 SLIPPER LOBSTER
大龙虾 ROCK LOBSTER
帝王蟹 KING CRAB
雪蟹 SNOW CRAB
软壳蟹 SOFT-SHELL CRAB
石蟹 STONE CRAB
红树林蟹 MANGROVE CRAB

软体类 MOLLUSCS

淡菜 MUSSEL
生蚝 OYSTER
蛤 CLAM
扇贝 SCALLOP
鲍鱼 ABALONE
田螺 ESCARGOT
章鱼 OCTOPUS
墨鱼 CUTTLEFISH
鱿鱼 SQUID
田鸡腿 FROG LEGS

保存性食品
PRESERVED FOOD

罐装鱼类与鱼卵类制品
PRESERVED FISH & ROES

罐装鳀鱼 CANNED ANCHOVY
罐装鲔鱼 CANNED TUNA FISH
罐装田螺 CANNED ESCARGOT
罐装沙丁鱼 CANNED SARDINE

腌渍海令鱼 PICKLED HERRING
烟熏鲑鱼 SMOKED SALMON
烟熏鳗鱼 SMOKED EEL
烟熏鳟鱼 SMOKED TROUT
烟熏鲭鱼 SMOKED MACKEREL
贝鲁加鱼子酱 BELUGA CAVIAR
塞鲁加鱼子酱 SEVRUGA CAVIAR
鲂 BREAM
海水鲑鱼卵 SALTWATER SALMON ROE

保存性肉类制品
PRESERVED MEATS

火腿 HAM
烟熏火腿 SMOKED HAM
风干火腿 DRY HAM
圆形火腿 ROLL HAM
烟熏里脊肉 SMOKED PORK LOIN
切片培根 SLICED BACON
块状鹅肝酱 BLOC DE FOIE GRAS（法语）
鹅肝慕斯 GOOSE LIVER MOUSSE
烟熏火鸡肉 SMOKED TURKEY
咸牛肉 CORNED BEEF
烟熏牛舌 SMOKED OX-TONGUE
烟熏胡椒牛肉 PASTRAMI
风干牛肉 DRY BEEF
意大利风干香肠 SALAMI
小牛肉肠 VEAL SAUSAGE
猪肉香肠 PORK SAUSAGE
热狗 HOT DOG
奇布里塔香肠(意大利) CHIPOLATA SAUSAGE
德国香肠 BRATWURST
西班牙香肠 CHORIZO

乳类、油脂类与蛋类品
DAIRY、FAT AND EGGS

乳类与油脂类 DAIRY AND FAT

无盐牛油 UNSALTED BUTTER
带盐牛油 SALTED BUTTER
猪油 LARD
麦淇淋 MARGARINE
鲜奶油 CREAM U.H.T
牛奶 MILK
酸奶油 SOUR CREAM
优格乳 YOGURT
打发鲜奶油 WHIPPING CREAM U.H.T

起司 CHEESE

康门伯起司 CAMEMBERT
伯瑞起司 BRIE
瑞柯达起司 RICOTTA
玛斯卡邦起司 MASCARPONE
莫扎里拉起司 MOZZARELLA
白屋起司 COTTAGE CHEESE
奶油起司 CREAM CHEFSE
伯生起司 BOURSIN CHEESE
汤米葡萄干起司 TOMME AU CHEESE
波特沙露起司 PORT-SALUT CHEESE
巧达起司 CHEDDAR CHEESE
格鲁耶尔起司 GRUYERE CHEESE
依门塔起司 EMMENTAL CHEESE
亚当起司 EDAM CHEESE
山羊起司 GOAT CHEESE
哥达起司 GOUNA CHEESE
帕玛森起司 PARMESAN CHEESE
歌歌祖拉起司 GORGONZOLA CHEESE
拉克福蓝莓起司 ROQUEFORT CHEESE
烟熏依门塔起司 SMOKED EMMENTAL CHEESE

丹麦蓝莓起司 DANISH BLUE CHEESE

冰淇淋 & 果汁
ICE CREAM & SHERBET

冰淇淋 ICE CREAM
香草冰淇淋 VANILLA ICE CREAM
草莓冰淇淋 STRAWBERRY ICE CREAM
巧克力冰淇淋 CHOCOLATE ICE CREAM
咖啡冰淇淋 COFFEE ICE CREAM
芒果冰淇淋 MANGO ICE CREAM
薄荷冰淇淋 PEPPER MINT ICE CREAM
朗姆酒葡萄干冰淇淋 RUM RAISIN ICE CREAM

果汁 SHERBET
柠檬果汁 LEMON SHERBET
柳橙果汁 ORANGE SHERBET
凤梨果汁 PINEAPPLE SHERBET
奇异果果汁 KIWI SHERBET

蛋类 EGGS
鸡蛋 CHICKEN EGG
鹅蛋 GOOSE EGG
鸭蛋 DUCK EGG
鹌鹑蛋 QUAIL EGG
鸽蛋 PIGEON EGG

蔬菜类 VEGETABLES

叶菜类 LEAF VEGETABLES
苜蓿芽 ALFALFA
波士顿生菜 BOSTON OR BUTTER HEAD LETTUCE
卷须生菜 ENDIVE
卷心莴苣 ICEBERG LETTUCE
贝芽菜（萝卜）RADISH SPROUTS
生菜叶 LETTUCE LEAF
红生菜 RED CHICORY
长叶生菜 ROMAINE OR COS LETTUCE
菠菜 SPINACH
西洋菜 WATERCRESS

结球茎和芽状类
BRASSICAS AND
SHOOTS VEGETABLES
朝鲜蓟 ARTICHOKE
白芦笋 WHITE ASPARAGUS
绿芦笋 GREEN ASPARAGUS
比利时生菜 BELGIAN ENDIVE
青花菜 BROCCOLI
小卷心菜 BRUSSELS SPROUTS
红包心菜 RED CABBAGE
白包心菜 WHITE CABBAGE
白花菜 CAULIFLOWER
玉米 CORN
西芹 CELERY

果菜类
FRUITS AND VEGETABLES
牛油果 AVOCADO
辣椒 CHILLI
大黄瓜 BIG CUCUMBER
小黄瓜 SMALL CUCUMBER

茄子 EGG PLANT
秋葵 OKRA
青椒 GREEN PEPPER
红甜椒 RED PEPPER
黄甜椒 YELLOW PEPPER
南瓜 PUMPKIN
番茄 TOMATO
樱桃番茄 CHERRY TOMATO
西葫芦 VEGETABLE MARROW
绿皮密生西葫芦 ZUCCHINI

根茎类蔬菜 ROOTS TOCK

紫菜头 BEETROOT
胡萝卜 CARROT
芹菜头 CELERY ROOT
野葱 CHIVE
韭菜花 CHIVE FLOWER
大蒜 GARLIC
姜 GINGER
青蒜 LEEK
洋葱 ONION
小洋葱 BABY ONION
红洋葱 RED ONION
马铃薯 POTATO
甜番薯 SWEET POTATO
小红菜头 RED RADISH
婆罗门参 SALSIFY
红葱头 SHALLOT
青葱 SPRING ONION
白萝卜 WHITE TURNIP

菌类 MUSHROOMS

鲍鱼菇 ABALONE MUSHROOM
牛肝菌 CEPES（法语）
鸡油菌 CHANTERELLES
新鲜黑香菇 CHINESE MUSHROOM

灯笼菇 MORRELS
草菇 STRAW MUSHROOM
黑松露 BLACK TRUFFLE
白松露 WHITE TRUFFLE
洋菇 BUTTON MUSHROOM

新鲜豆类及干燥豆类
FRESH BEANS & DRY BEANS

新鲜豆类 FRESH BEANS

荷兰豆 SNOW PEA
四季豆 FRENCH BEAN
长江豆 STRING BEAN
蚕豆 FAVA BEAN
绿豆芽 GREEN BEAN SPROUT
黄豆芽 SOYBEAN SPROUT

干燥豆类 DRY BEANS

青豆 GREEN PEA
鸡豆 CHICKPEA
褐色扁豆 BROWN LENTIL
波士顿白豆 BOSTON BEAN
红腰豆 RED KIDNEY BEAN
利马白豆 LIMA BEAN

水果类 FRUITS

瓜类 MELONS

西瓜 WATERMELON
哈密瓜 HONEYDEW
香瓜 MUSKMELON

热带水果 TROPICAL FRUITS

凤梨 PINEAPPLE

木瓜 PAPAYA
芒果 MANGO
香蕉 BANANA
椰子 COCONUT
番石榴 GUAVA
百香果 PASSION-FRUIT
柿子 PERSIMMON
杨桃 CARAMBOLA
莲雾 LIEN-WU
释迦 SWEETSOP
奇异果 KIWI
山竹 MANGOSTEEN
红毛丹 RAMBUTAN
榴莲 DURIAN
荔枝 LYCHEE
龙眼 LONGAN
枇杷 LOQUAT
葡萄 GRAPE

一般水果 OTHER FRUITS

苹果 APPLE
梨子 PEAR
桃子 PEACH
黄杏 APRICOT
李子 PLUM
樱桃 CHERRY
枣 DATE
无花果 FIG
石榴 POMEGRANATE

柑橘类水果 CITRU FRUITS

柳橙 ORANGE
橘子 TANGERINE
金橘 KUMQUAT
柠檬 LEMON
酸橙 LIME

柚子 POMELO
葡萄柚 GRAPEFRUIT

浆果 BERRY

草莓 STRAWBERRY
覆盆子 RASPBERRY
红莓 CRANBERRY
蓝莓 BLUEBERRY
红醋栗 RED CURRANT
黑醋栗 BLACK CURRANT

香草、香料及调味料
HERBS AND SPICES

新鲜香料 FRESH HERBS

香菜 CORIANDER
龙蒿 TARRAGON
罗勒(九层塔) BASIL
薄荷 MINT
香薄荷 SAVORY
鼠尾草 SAGE
月桂叶 BAY LEAF
百里香 THYME
荷兰芹 PARSLEY
虾夷葱 CHIVE
奥勒冈 OREGANO
马郁兰 MARJORAM
迷迭香 ROSEMARY
小茴香、莳萝 DILL
细叶芹 CHERVIL
茴香(大茴) FENNEL

混合香料、调味料
MIXED HERBS AND SPICES

咖喱粉 CURRY POWDER
山葵(辣根) HORSERADISH
芹菜种子 CELERY SEED
茴香种子 FENNEL SEED
莳萝种子 DILL SEED
红辣椒粉 CAYENNE POWDER
花椒 PEPPER
青胡椒粒 GREEN PEPPERCORN
白胡椒粒 WHITE PEPPERCORN
黑胡椒粒 BLACK PEPPERCORN
粉红胡椒粒 PINK PEPPERCORN
肉豆蔻 NUTMEG
丁香 CLOVE
大蒜头 GARLIC
肉豆蔻皮 MACE
肉桂 CINNAMON
匈牙利红椒粉 PAPRIKA
罂粟种子 POPPY SEED
香菜种子 CORIANDER SEED
藏红花 SAFFRON
小豆蔻 CARDAMOM
牙买加胡椒（多香果） ALLSPICE
郁金根粉(姜黄粉) TURMERIC
葛缕子 CARAWAY
八角 STAR ANISE
姜 GINGER
甜欧莳萝 SWEET CUMIN
杜松子(苦艾) JUNIPER BERRY
辣椒粉 CHILL POWDER
香草 VANILLA

干果类 NUTS

核桃 WALNUT
榛果 HAZELNUT
巴西胡桃 BRAZIL NUT
杏仁 ALMOND
板栗 CHESTNUT
花生 PEANUT
开心果 PISTACHIO
松子 PINE SEED
腰果 CASHEW NUT
南瓜子 PUMPKIN SEED
葵花子 SUNFLOWER SEED

沙司 SAUCE

苹果沙司 APPLE SAUCE

温度、重量换算

温度对照表

电烤箱温度
（摄氏度）
（华氏度）

50℃	122℉
80℃	176℉
100℃	212℉
130℃	266℉
150℃	302℉
180℃	356℉
210℃	410℉
240℃	464℉
270℃	518℉
300℃	572℉

常用重量单位换算

1千克 = 2.2磅

1盎司(oz) = 28.3克

1磅 = 453.6克 = 16盎司(oz)

各种食品的保存 FOOD PRESERVATION

肉类保存方法：

先将肉类洗干净，等肉冷却以保鲜袋装好，再放入冰箱冷冻室或冷藏室中。如果要从冷冻室取出退冰，应于前一日将肉放置于冷藏室解冻。放于冷藏室的肉类必须在2~3日内食用。

冷冻食品保存方法：

随时注意冰箱的温度，尽量减少打开冰箱的次数，便于保持恒温。如有需要解冻的食品，应先移至冷藏室退冰。冷冻室不可放太多食品，以免影响冰箱温度。

乳制品保存方法：

牛奶或鲜奶油放于2~5℃的冰藏室，并随时注意保存期限。牛油与冰淇淋要放于冷冻室。起司类要包上保鲜膜或置于有盖容器内，不可沾到水。

蛋类保存方法：

先将蛋的外壳清洗干净，再放入冰箱冷藏室，使用时要注意先后顺序。

蔬菜水果类保存方法：

先清洗外皮，再擦拭干净，用可透气的袋子或容器分类装好，储存于冰箱中。应尽快使用，并随时注意是否有腐烂变质情形。

海鲜类保存方法：

将海鲜类处理好，清洗干净并擦干水，装入保鲜袋中，放入冷冻室或冷藏室。

谷物类保存方法：

必须放置于干燥而密封的容器内，置于阴凉处，不可放太久或接触到水，以免发霉或生虫。

调味品保存方法：

瓶装或罐装制品要先查看使用期限。表面不可有生锈或凹凸情形，选择阴凉、干爽、通风好的地方存放，避免让阳光直接照射。如已开罐，未使用完的食品，要换成有盖子的容器，并尽快使用完。

肉类与海鲜类有效冷藏与冷冻期限

类别	冷藏	冷冻
牛肉	3~5(日)	6~12(月)
羊肉	3~5(日)	6~12(月)
猪肉	3~5(日)	3~6(月)
家禽	2~3(日)	3~6(月)
海鲜	2~3(日)	2~4(月)

食品加热处理

食品加热是烹调与制作过程中相当重要的一环，可有效保存食物，并有杀菌的功能。细菌是食品腐败最主要的原因，若食物加热时未达到一定的温度，不但不能消除细菌，反而可能促进细菌滋生。总而言之，加热温度越高，杀菌效果越好。目前许多罐装和盒装食品都采用超高温杀菌处理，让食品能长期保存。

食品冷藏与冷冻

低温对食品保鲜有良好的作用，而且保存时间也较久，一般低温保存食品方法有两种：冷藏（0~5℃）、冷冻（−40~0℃）。若讲究一点，则需注意下列六种不同温度的食物保存法。

1.−40~−30℃为急速冰冻。

2.−2℃以下，最适合肉类的冷冻保存。

3.−5℃以下，最适合肉类的切割与整理。

4.−40℃时水分将会进入肉中完全冰冻。

5.−20℃是冷冻室最基本的温度。

6.2~5℃是肉类冷藏最基本的温度。

控制与消除细菌常识

温　　度	作　　用
10℃以下	可降低细菌发展速度
10~60℃	细菌会快速生长，导致食品腐烂，很容易造成食物中毒
60℃	能消灭一般细菌与寄生虫
60~68℃	可消灭有生长力的细菌细胞
68~77℃	可消灭有抵抗力的沙门氏细菌
110℃以上	可消灭所有有抵抗力或生长力的细菌

温度与细菌滋长的关系

温　　度	作　　用
–15℃时	可完全防止细菌的滋长
–4℃时	细菌每60小时以双倍速度滋长
0℃时	细菌每20小时以双倍速度滋长
4℃时	细菌每6小时以双倍速度滋长
10～16℃时	细菌每2小时以双倍速度滋长
16～21℃时	细菌每1小时以双倍速度滋长
21～32℃时	细菌每30分钟以双倍速度滋长

餐厨卫生 KITCHEN SANITATION

做菜前先以清洁剂将手部清洗干净，并保持手部清洁，避免留指甲、佩戴手表、饰物。女性请勿涂抹指甲油。

厨房内禁止吸烟等行为，避免污染食物。

随时保持厨房卫生，如地板要干燥、清洁，清洗台要整齐、干净，排水槽要保持畅通，垃圾桶随时加盖。

女性做菜时，建议将长发扎起来或戴帽子，以免污染食物。

做菜时应尽量避免交谈、嬉笑、对着食物打喷嚏，以免污染食物。

食物中毒的原因

1.食物腐坏变质。

2.误食有毒的菜肴。

3.冷藏保存不当(食物未冷即放入冰箱)。

4.食品加工人员感染病毒。

5.烹调过程中处理不当。

6.已调理的食物再加热时处理不当。

7.新鲜食品与腐烂食品混合。

西式餐厨常用设备认识

选购餐厨设备的标准是容易清理、持久耐用、抗腐蚀性强、线条简单、无毒无味、耐磨损等。不适当的设备很容易影响食物品质与厨师的情绪。

平板煎炉
GRIDDLE

可煎蛋以及牛排、鱼排等各式肉排，也可炒肉、炒菜等，是一种方便的多功能机器。

蒸汽锅
STEAM BOILER

以天然气、蒸汽或电为热源，主要用来煮汤、烩肉、熬酱汁等。

榨汁机
JUICER

用来榨果汁。

工作台水槽
WORKBENCH SINK

分为单槽、双槽，为清洗食材、厨具而置备。

食物调理机
BLENDER

又称为万能调理机，主要用来将食物原料切成丝、条、片、末、泥状等。

电动切片机
SLICE MACHINE

主要用来切精细度较高的薄片食材。

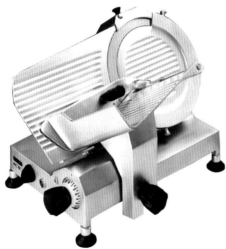

冰箱
REFRIGERATOR OR FREEZER

用于储存当日或隔日食物。

炭烤炉
CHARBROILER

架子下放炭，热量从下方传至架子上。

图书在版编目（CIP）数据

西餐大师：新手也能变大厨 / 许宏裕，赖晓梅著.—郑州：河南科学技术出版社，2013.6（2017.4重印）

ISBN 978-7-5349-6123-6

Ⅰ.①西… Ⅱ.①许… ②赖… Ⅲ.①西式菜肴-菜谱 Ⅳ.①TS972.188

中国版本图书馆CIP数据核字（2013）第043308号

出版发行：河南科学技术出版社

　　　　地址：郑州市经五路66号　邮编：450002

　　　　电话：（0371）65737028　65788613

　　　　网址：www.hnstp.cn

策划编辑：李　洁

责任编辑：杨　莉

责任校对：孟凡晓

责任印制：张艳芳

印　　刷：河南新达彩印有限公司

经　　销：全国新华书店

幅面尺寸：210 mm×255 mm　　印张：13　　字数：170千字

版　　次：2013年6月第1版　2017年4月第2次印刷

定　　价：59.80元